软装设计手册 ② 简约与生态

PURE

度本图书 DopressBooks 编著

中国林业出版社

图书在版编目（C I P）数据

软装设计手册.2，简约与生态 / 度本图书编著. -- 北京：中国林业出版社，2014.1（设计格调解析）

ISBN 978-7-5038-7198-6

Ⅰ.①软… Ⅱ.①度… Ⅲ.①室内装饰设计－图集 Ⅳ.①TU238-64

中国版本图书馆CIP数据核字(2013)第215953号

中国林业出版社·建筑与家居出版中心

责任编辑：成海沛 纪 亮

文字编辑：李丝丝

在线对话：1140437118（QQ）

出版：中国林业出版社

（100009 北京西城区德内大街刘海胡同 7 号）

网址：http://lycb.forestry.gov.cn/

E-mail: cfphz@public.bta.net.cn

电话：（010）8322 5283

发行：中国林业出版社

印刷：北京利丰雅高长城印刷有限公司

版次：2014年1月第1版

印次：2014年1月第1次

开本：1/16

印张：10

字数：150千字

定价：69.00元 （全4册：276.00元）

法律顾问：北京华泰律师事务所 王海东律师 邮箱：prewang@163.com

Contents

解读"本纯"

软装设计也常被称做室内陈设设计，主要指对室内物品的陈列、布置与装饰。而从广义上讲，在室内空间中，除了围护空间的建筑界面以及建筑构件外，一切实用和非实用的装饰物品及用品都可以被称做室内陈设品。软装设计可大致分为实用和装饰两大类：以实用功能为主的家具、家电、器皿、灯具、布艺和主要以装饰功能为主的挂画、艺术品、插花及其他饰件。

总体而言，软装设计应遵循美观与实用兼备、装饰与使用功能相符、满足心理与精神需求等前提原则，同时营造某种预期的氛围与意境，而构建这种氛围与意境的关键就在于把握包括色彩、材质、肌理、体量、形态等所有参与室内空间构成的元素之间的关系。与此同时，所有这些布置在室内的软装元素应当与室内整体空间的"气质"融合协调、相得益彰。

这种气质并不等同于通常所说的风格，因为我们定义的风格实在很难概括现今时代各种软装配饰的丰富形态，只能说是更贴近哪种风格。我们甚至可以说，风格本身并不重要，那只是一种笼统的界定方法，设计师要发现的是风格背后的美的本质与文化内涵，而不是一味地纠结于风格。对于这种室内设计的气质，或许我们应该把它解释为格调或者味道。只是为了便于区分空间环境的大致气质，人们习惯采用风格这一称谓加以概括。但也无妨，我们可以根据通常所说的几种典型风格来感受软装设计与室内环境的关系，以及涵盖在风格中的不同气质。

该系列丛书以软装设计/陈设方式带给人的不同感受作为章节划分的依据，比如简约、生态、怀旧、艺术、工业、时尚、奢华、古典等。书中除了结合选自世界各地的优秀作品案例，对每个作品的设计理念和设计亮点给出的详细说明和分析，还有根据案例展开的关于设计风格、软装配饰的要点等大量知识点，为设计师在整体风格的把握上提供有价值的借鉴和参考，从而使本书兼具实用性和欣赏性。

本书收录了简约和天然环保风格的设计作品。 在简约风格的章节中，你将看到不同类型的现代派建筑在设计师手中做减法的结果，其中有年轻SOHO一族的家庭工作室、继承了格罗皮乌斯遗风的独栋建筑、日本设计师的极简尝试等等，能在浮华之下坚守简单的生活理念，这或许不是每个设计者都能做到的。 在天然环保风格的类别中，你会找到一种答案，那就是科技对于居所观的改变方向，当然这个答案不是最终的解释，不同的设计师给出了不同的作品去诠释，其中包括使用了环保科技和环保建筑材料的阳光别墅、旨在减少建设过程中碳排放的高科技房屋、人与绿色植物和谐共生的办公空间以及位于新兴国家，没有装备任何绿色“软件”的环保理念的别墅等，这一系列尝试或许不能解决气候和环境的大问题，但是人类在这之中表现出对于自然界的敬畏和对于现代建筑的反思令这些优秀的作品闪耀着醒目的人文光辉。

无论是简约还是环保，都是秉承通过做减法实现低碳环保设计的理念，以纯朴、素雅、低调为美打造而成的“本纯”格调。

选入本书中的作品所采用的艺术语言可以大致概括为：简洁朴素、抽象理性、纯净平和。在这些案例作品中，除了形态上的简化，物料方面会倾向尽量减少加工，保留天然、原本的物料质感，避免奢华造作，体现朴素、纯真的精神本源。在软装配饰的设计上，多采用线条简约、造型流畅的装饰元素，以及天然材质的原生态、朴素造型，同时搭配黑、白、灰或纯度低的单色调加以表现。有时，简化细节、平滑光亮、色彩单一的环境背景和同样特点的陈设配饰形成强烈的明度对比，更会给人一种超现实的未来之感。

我们可以把这种简洁、纯粹、低调、环保的艺术语言概括为“本纯”， 下文将进一步介绍这一语言在软装设计中不可或缺的家具、灯具，以及窗帘、靠垫、桌布、地毯等布艺装饰和挂画、艺术陈设等装饰品中如何进行表达。

· 家具

线条简洁流畅，造型朴素，细节上极尽精简，没有多余的装饰和累赘的用料。材料上，质地平滑光亮、色彩单一的金属、玻璃和天然环保的实木、竹藤、棉麻制品，以及人造环保材料可丽耐等都比较适合“本纯”的格调。符合这种格调的代表性家具品牌如下：

◎宜家家居（瑞典）：宜家产品中简约、清新、自然的特点明显地秉承了源远流长的北欧设计风格。家具设计表现出对形式和装饰的节制和对天然材料的偏爱，具有美观实用、低碳环保的特点和朴实无华的气质。

◎曲美家具（中国）：曲美产品从设计开始便考虑产品繁简取舍，其理念是低消耗、低排放、低支出，满足所需即可。从形式上杜绝不必要的奢华，简洁而不简单。家具取材均来自通过FSC（可持续管理森林认证）的天然林区。

◎Pastoe （荷兰）：简单，永恒，品质与工艺，这便是荷兰家具品牌Pastoe持续近一个世纪的品牌哲学。优秀的设计实力确保该品牌可以创造出成熟而令人惊叹的极简家具，安适简单，纯粹而朴实，优雅又极富亲和力。

·灯饰

灯具可以选用线条造型或几何造型的简约样式，安装时可以在蓬顶适当位置只单独挂一盏吊灯，也可将多个造型相同的灯饰成组排列安装，给人整齐统一的感觉。显然，璀璨华丽

的水晶吊灯并不适合表现本书中所要强调的设计格调。在灯饰的选择上可以参考以下两种代表性灯饰品牌:

◎Artemide(意大利):造型简约的极简主义的永恒之作。设计以人为本，处处表达生活的韵味。品牌旗下的设计师们把灯具当成空间气氛变换的神奇开关，将纯粹的照明功能巧妙地转化为装饰的主角，进而创造出品位非凡的灯饰作品。

◎Lightyears(丹麦):秉承北欧艺术精神的实用主义设计。灯具品质精良，造型设计简约大气、优雅精致，堪称北欧当代设计的代表。

·布艺装饰

布艺装饰通常指窗帘、床品、靠垫、抱枕、沙发套、桌椅套、桌布等各种形式的纺织品饰物，以及地毯、挂毯、绢花等工艺品，也可以延伸到墙饰、灯罩、台布、餐垫、电话套等小物件及包边装饰。布艺饰品即具有防尘和保护家具的实用功能，对营造室内气氛和格调也起着重要作用。素色或图案简洁优雅的纺织品最适合本书中介绍的这种装饰特征的室内空

间。素色的窗帘、地毯和床品搭配在一起会给人一种纯净、柔和的感觉，如果结合材质的变化，体现出织物质感的微妙差异，会使素雅的室内空间更具层次美感。对于在房间中占有较大面积的窗帘、地毯和床品，除了要注意避免使用杂乱的颜色与图案，还要把握造型的设计上也需要具有同样简约、朴素的气质。具备这种气质的布艺家纺品牌如下：

◎ Calvin Klein Home（美国）：CK旗下的家纺布艺品牌Calvin Klein Home与CK时装有着同样的设计理念——现代、极简、舒适，又不失优雅气息。该品牌以简朴纯粹、时尚优雅的设计闻名于世。

◎ 32° LIFE（中国）：坚持朴实与专业的理念，剥去了产品附加的浮华，一如人们对本色、纯真的坚持。产品设计充分展现该品牌对简约、纯粹生活的执着。

· 挂画与墙饰

除了光滑洁净的纯白墙面，适当采用壁纸、壁画、装饰画、墙饰挂件、墙贴、背景墙等墙面装饰形式，同样可以打造出理想的纯美空间。这时候，纯色、几何图案、抽象图案的墙纸、装饰画或壁画，以及带有底纹背景的石材背景墙都不失为明智的装饰手法。

· 装饰摆件、花卉与绿植

工艺品摆件、艺术品以及花卉和绿色植物在软装设计中起到画龙点睛的作用。设计师既可以用它们来调节色彩、设置构成，也可以用其来创造视觉之外的感受和体验。数量精简、色彩协调，同时排列摆放的秩序性和统一性，是设计者在布置装饰摆件时候需要考虑的。下图中桌面上花朵的淡黄色和墙面的装饰色和谐一致，与背景墙同样颜色的工艺品摆件成组且整齐地排列在格子造型的橱柜中，使这个白色背景的空间雅致大方，毫不枯燥、杂乱。

其他一些崇尚简朴纯美格调的家居饰品品牌：

◎Emoi基本生活（中国）：一切都是简单的，包括它的空间、颜色与产品。喜欢环保、简单，关注环保的人群正是Emoi品牌的青睐者。他们需要的不是“多”，而是“少”。

◎Muuto（丹麦）：延续了简约纯净的北欧家居风格，木质、棉麻质地的饰品都充满了自然纯净的味道。

◎无印良品（日本）：最大特点之一是极简，注重纯朴、简洁、环保、以人为本等理念。产品不加商标，省去了不必要的设计，去除了一切不必要的加工和颜色，简单到只剩下素材和功能本身。它所倡导的自然、简约、质朴的生活方式非常受品位人士推崇。

strawinsky
fortner
berg
N°5
CHANEL
PARIS
EAU DE PARFUM
JOY
EAU DE TOILETTE

■ Simple 014-065

简约

■ 简约一词，如今已经被过度“开发”了，在大部分人眼里成了省钱、粗糙的遮羞布。事实上简约的室内设计风格恰恰是最需要阅历和积累才能形成的。从繁琐无边的众多元素与构成中提炼最恰当的本质，通过设计与整合，仿佛不经意地表现出来。不造作、不醒目地展现一种无压迫的设计感，这才应是简约一词最恰当的解释。

简约的室内风格可以表现为线条上的简约、材质上的简约、颜色上的简约亦或是生活方式的简约，好的简约室内风格不应该给人空旷、简陋的不快感，而应该是保证符合视觉舒适度。如运用材质方面，应运用完美的平面布局分区来弥补室内空间的空旷感，用考究的材质来弥补单一材质的丰富性的缺失，利用光与影的丰富弥补造型单一的缺失……简与繁之间，应该是互补和谐的存在，而不是简单地对立。

简约的室内设计风格之所以存在，绝对不该理解为在室内的设计上做加减法，如果用一句最恰当语言来概括，李小龙的那句名言大概是最恰当的：以无法为有法、以无限为有限。

■ The Lighthouse 65

■ 亮居65号

■ 费勒姆. 英国

■ **建筑设计:**
Andy Ramus

■ **室内设计:**
AR Design Studio Ltd.,

■ **摄影:**
Martin Gardner

软装点评：极简风格的家具通常线条简单，沙发、床架、桌子亦为直线，不带太多曲线条，造型简单，富含设计或哲学意味但不夸张。在色彩方案，黑与白是极简主义的代表色，局部搭配灰色、银色、米黄色等原色，无印花、无图腾的整片色彩带来另一种低调的宁静感，沉稳而内敛。软装设计时，因为量的减少就更需要设计师权衡每一个物品，做到多一个多了，少一个不行。

亮居65号是一座位于英国南海岸沙滩上的豪宅，极其隔热，三间卧室都居于水边区域，拥有相对广阔的视野，在每一间房间都可以看到英吉利海峡和怀特岛的美丽景色。本案的设计理念是最大限度地加大建筑物的宽度，由此每一间重要房间都可以欣赏到广阔的海景。

简约主义设计作品需要设计师们始终热爱生活，关注新的思潮，回应新材料、新技术的发展，从多元文化中获得设计灵感。一方面，新材料的发明以及新技术的完善推动了现代主义建筑与室内设计风格的变化与发展。另一方面，为了体现时代特征，简约主义风格的室内设计更要求装饰细部精巧、工艺突出，这是对科技发展的更高要求，精致的工艺是表现简约主义风格的重要方法和手段，是体现时尚与品位的重要特征。

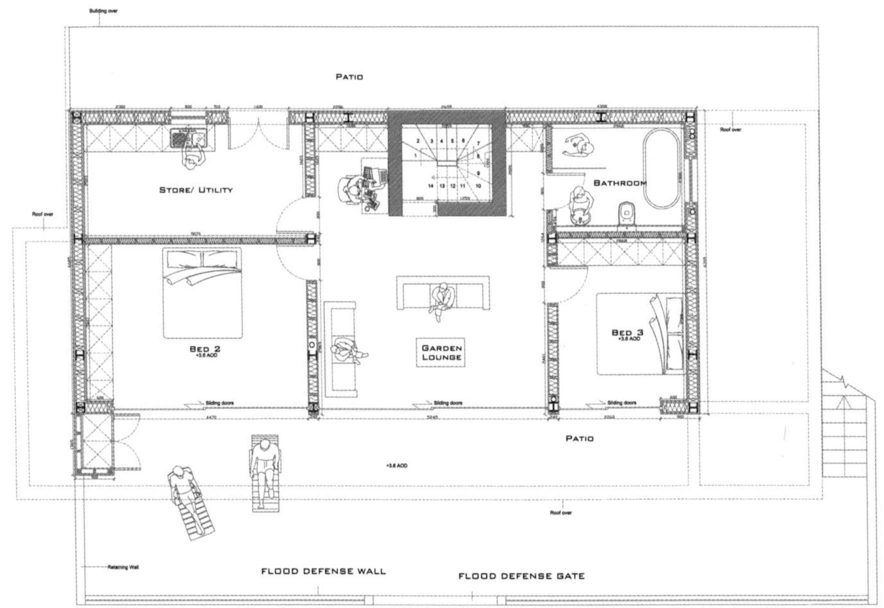

GROUND FLOOR

所有浴室及可用空间都被设置在住宅的后面，起居空间可以欣赏到连续的景色。该住宅位于地平面以下6m，屋顶可以停放3辆汽车。在视觉上屋顶和地面甲板上都从中央水泥处悬挂，在提供遮荫和露天避难的大悬臂处终止。

极简空间设计的形式美的特征:

①线条与平面结合展示，突出自由的感念。
②室内环境与室外环境结合，可以使设计接近大自然，这种“回归自然”的形式化繁为简，一如本案很适合当代人的审美情趣。
③动与静的结合，巧妙地运用灯具光线等现代技术，使静态的室内布置得到拓展，造成生动活泼、气氛温馨的室内环境。
④生活空间与艺术化空间的结合，除满足整个空间的使用要求外，要从整体上体现艺术家对房屋的设计过程中对艺术的提炼和表现。

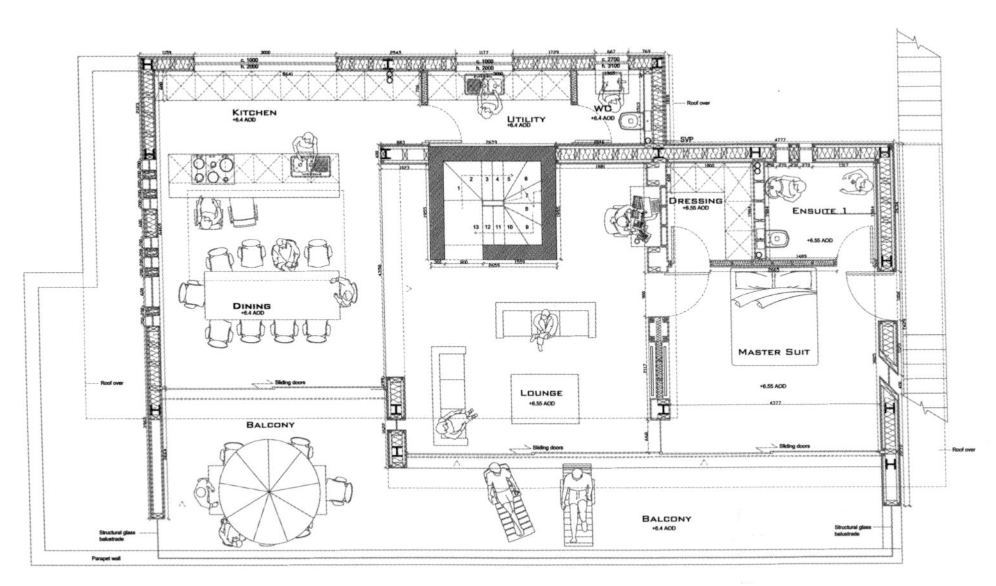
Kitchen
+6.4 AOD
Utility
+6.4 AOD
WC
+6.4 AOD
Roof over
SVP
Dressing
+6.55 AOD
Ensuite 1
+6.55 AOD
Dining
+6.4 AOD
Master Suit
+6.55 AOD
Lounge
+6.55 AOD
Roof over
Sliding doors
Sliding doors
Sliding doors
Roof over
Balcony
Balcony
+6.4 AOD
Structural glass balustrade
Structural glass balustrade
Parapet wall

First Floor

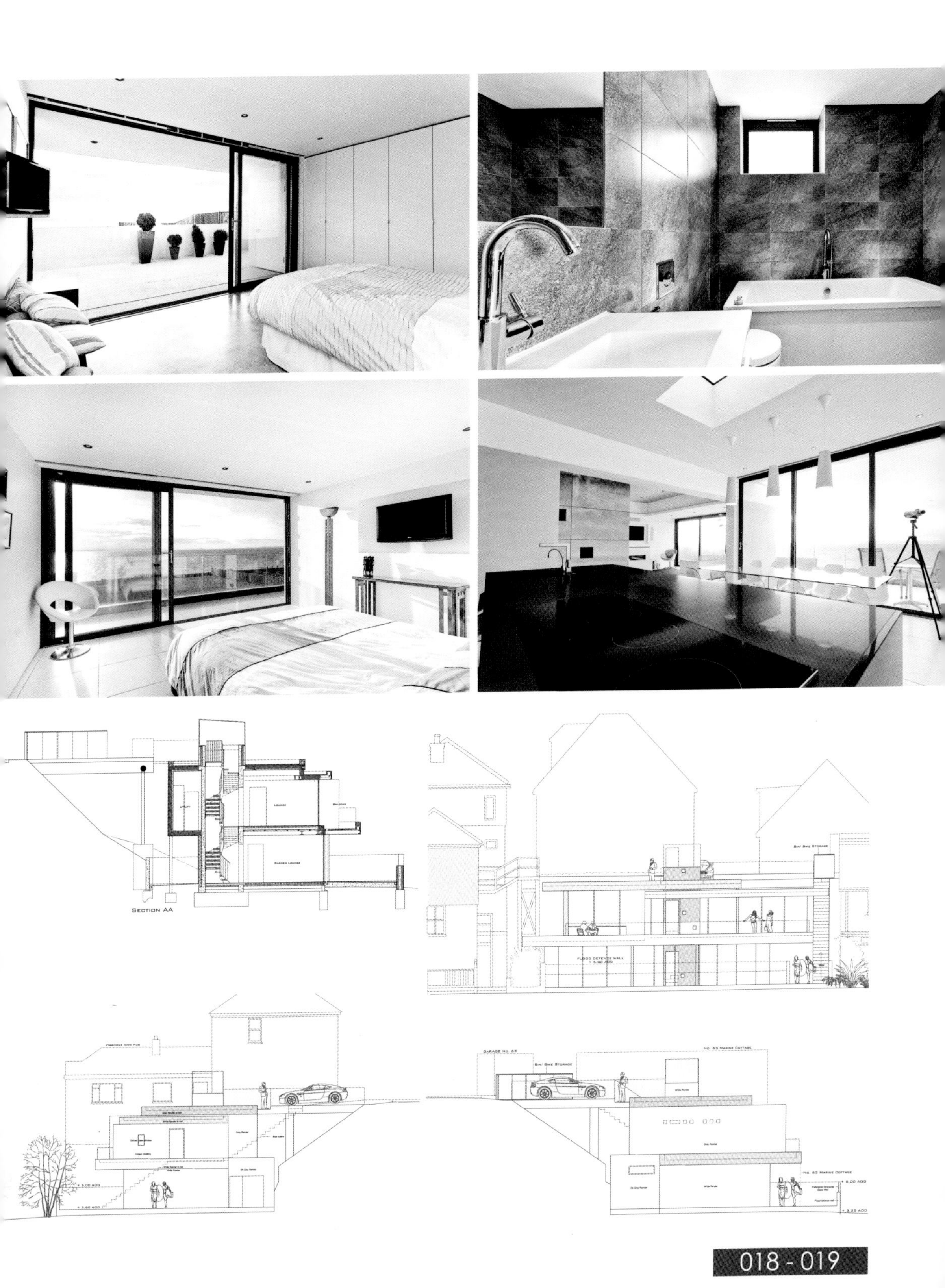
SECTION AA
BIN/ BIKE STORAGE
FLOOD DEFENCE WALL
+ 5.00 AOD
GARAGE NO. 63
BIN/ BIKE STORAGE
NO. 63 MARINE COTTAGE
NO. 63 MARINE COTTAGE
+ 5.00 AOD
+ 3.25 AOD

■ White Apartment

■ 白色公寓

■ 华沙. 波兰

■ 室内设计:
Chalupko Design studio,
Aneta Chalupko

■ 摄影:
Monika Zielska

软装点评：简约的空间设计以减法为主，无论是色彩上还是配饰上都不会有多余的设计，这对于空间收纳的要求就相当高。为了避免造成琐碎的杂乱感，软装设计师最好挑选收纳功能强的家具，将小杂货藏在各种柜门后，展现视觉舒爽。本案中，正是收纳空间利用得很好，才使得空间看上去非常整洁。

公寓主人的梦想是要建立一个开放的、白色的、简约的空间，尽可能平静和中色调。本案以白色和灰色为主要色彩，营造空间感和清新感。白色的瓷砖，被刷成颜色的天然橡木地板，再加上白色漆面的木制家具，无一不营造出淳朴、新鲜的感觉，并照亮了空间。

白色调室内设计要点：

①空间感和光线的搭配是白色调室内设计的重点
②材质的选择上，大面积的白色系材质中，可带有隐约的色彩倾向。还要注重特意表现材料的肌理。
③室内地面的色彩并不受白色的限制，往往采用淡雅的自然材质地面覆盖物，也常使用浅色调地毯或灰地毯。
④放置简约、精美的现代艺术品。绿色植物也十分重要。

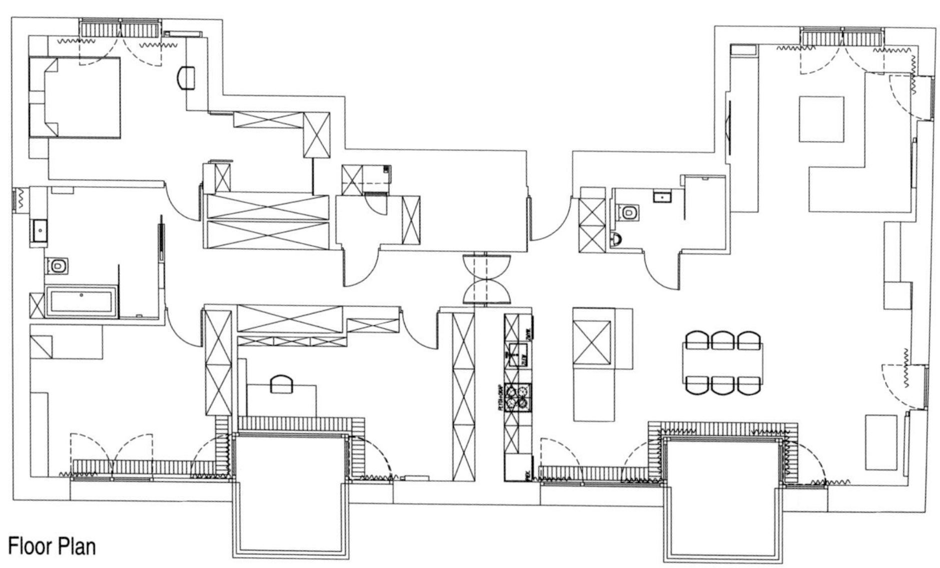

Floor Plan

公寓的核心是一个开放式的生活区，以极具现代感的方式进行设计。光在这个项目中是一个关键要素。它创造了空间，使得空间更加温暖和舒适。它的光芒可以照射到家具轮廓、厨房台面、天花板、浴室的玻璃表面及卧室的墙纸。RGB LED面板的选用使光的颜色发生了改变，营造出不同的空间感。

白色调除了能给人感觉增加室内亮度，给人纯洁的感受外，还会使人增加圣洁感或让人产生美的联想。其他色彩往往会带给人们一种本身所特有的感受，而白色会给人无限延伸的思绪。又可以调和、衬托或对比其他鲜艳的色彩。与一些刺激的色彩（如红色、黄色）相配时产生节奏感。

360 Winnett

全角温纳特

多伦多. 加拿大

- **室内设计:**
  Altius Architecture Inc.
- **摄影:**
  Jonathan Savoie

软装点评：纯白统领的基调里点缀着些许跳跃色和中性色，设计师在此适度地加入了现代的和多彩的家具，为这个纯净和轻柔的空间添入活泼的色彩和调味。

这个3卧室独栋住宅的建造对于难度大的城市建筑，引入全新的开放式的建筑理念。这座位于中心区域24′的双层住宅采光良好并投下有趣的影子，在白天时可以用来标志时间推移，夜晚则看起来像灯笼。

在进行室内设计上，家具要注重形态、构成、材料肌理等总体形态效果，灯具也应讲究光、造型、色温、结构等总体形态效果，两者都是构成室内环境空间效果的基础，两者的相互关系可以体现为：

①灯饰的构成简单做工精致。灯饰设计的潮流越来越趋于构成简单、色彩明快、做工精致。更加注重充分、合理利用光源，更加强调符合节能要求。
②由单光源到多光源。单光源是整个室内只有一处照明设施，让一盏灯来提供整个室内的照明。多光源是整个室内有多处照明设施，主光源提供的环境照明使整个空间都有均匀的亮度，而射灯、台灯等提供局部照明，目的是丰富室内光照的层次。

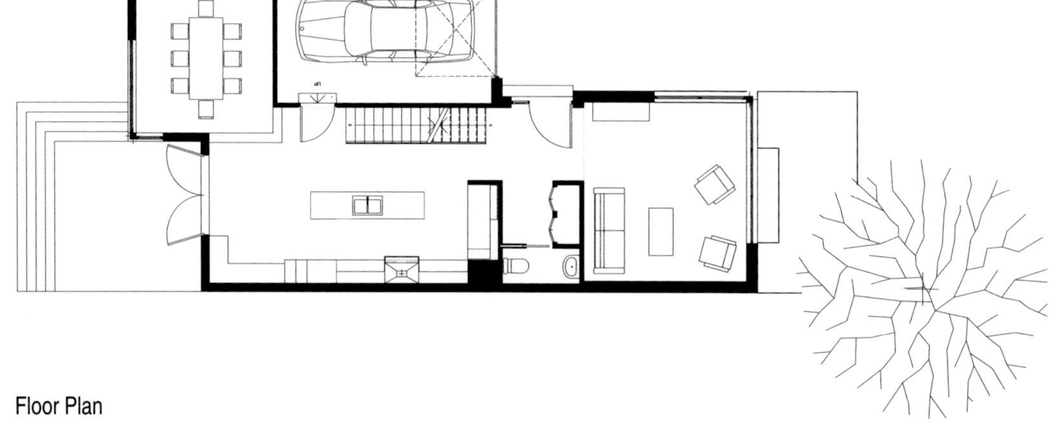

Floor Plan

从街上看，客厅位于最前方，相邻的卧室则在房屋内部的楼梯后面。开放式的厨房与隐蔽的餐厅相对且距离只有几步之遥，此处的室内净高与一楼的其他地方相比要低一些。温和的灰色餐厅中有一个六人餐桌，较低的室内高度使餐厅空间更为舒适。在主浴室中透过镜子可见一个浴缸和一个透明的淋浴隔间。宽大的镜子、玻璃淋浴间和可随意开关的大窗户使浴室明亮开阔。

光照设计是室内软装设计的灵魂。在当代设计师的设计中，灯具早已不再是实现空间照明的工具，而是软装设计的一种实体艺术品。完善的灯饰应该做到集装饰、照明、节能于一体，并达到完美与和谐的统一，大大地改善居室环境的气氛。

■ House Wing

■ 翼空间

■ 首尔. 韩国

■ **建筑总监:**
Heebon Koo

■ **室内设计:**
AnLstudio

■ **摄影:**
Sunghwan Yoon

■ **客户:**
Sey Min

软装点评：是桌子？装置？还是雕塑？设计师带给我们的是一个视觉混合体，那种别具一格的魅力，视觉冲击的强度，非常的震撼，这样的艺术处理手法带给软装设计师的新颖理念就是打开思维，没有固定形式，一切皆有可能。

AnLstudio为一位艺术家修复了家庭办公空间。该项目位于韩国首尔拥有45年房龄的公寓大厦的10楼。设计师将在家工作的因素纳入考量，重新设计居住空间，反映现代住宅文化。

[极简主义室内设计的出发点就是要抛弃徒有其表的修饰，做到理性化的极致。这不仅仅是对各种风格的家具与软装饰品的要求，而是在于对空间布局的重新规划。传统概念下的室内设计总是将室内空间装饰得尽可能丰富，而极简主义设计却会留下足够的自由空间，达到人对空间的潜在要求。]

本案的蜿蜒一体的吊顶造型即是顶棚发光的重要载体，还最终转化为供人使用的书桌，另外还起到了转移视线的作用，可以遮盖原建筑顶棚的凹凸不平。

本案空间构造独特呈纯白色，形状像飞机机翼。机翼形状设计的目的是在一种有限的空间内区分两种互相冲突的生活模式。

本案设计目标是通过在工作区的天花板和墙壁上设有独特的嵌入式照明功能，最大限度地营造空间感。地面层的天花板和墙面周围的“包装”，经过精心策划与半公共区连接并为其服务。

翼支持工作区的功能，为其提供照明，并沿该空间的外周组织居住区，作为公共区中的私有区域。

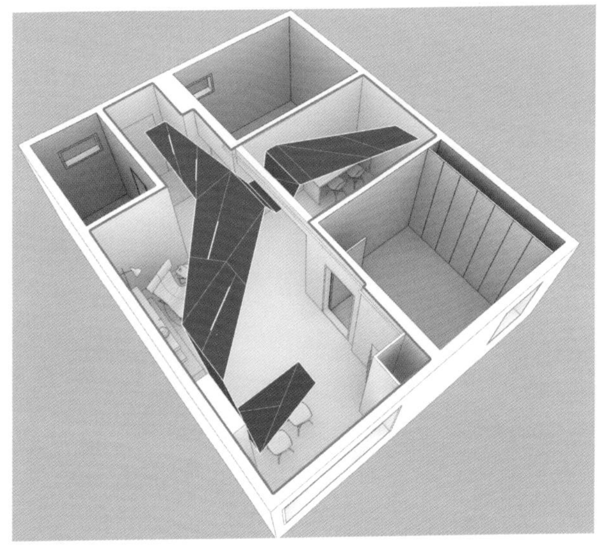

■ Abbots Way

■ 阿博特斯屋

■ 温切斯特. 英国

■ 室内设计:
AR Design Studio Ltd.,
Andy Ramus

■ 摄影:
Martin Gardner

软装点评：简净的空间，采用明快爽朗的软装设计，增之一分则繁复，减之一分则不足，一切都恰到好处。L型的纯白布艺沙发，陷身其中，哪怕看看书、发发呆也是一种享受。餐厅砖墙上的巨幅艺术作品，让餐台区域一改冰冷容貌，犹如置身于艺术画廊中。

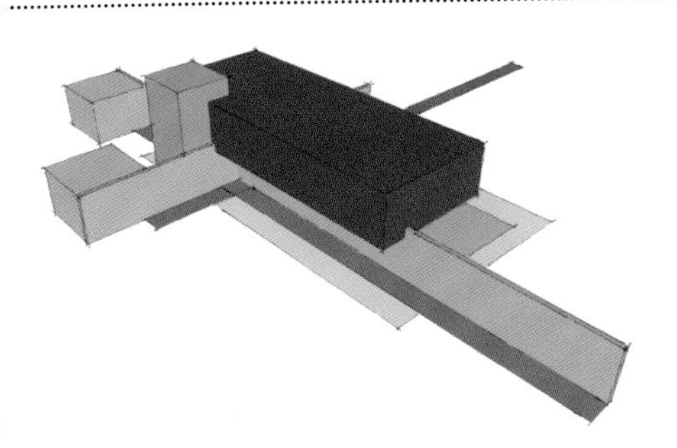

AR设计工作室最近完成本案的设计工作。这栋住宅有五间卧室，周围被成熟的树木和一个小型湖泊环绕，营造出非常放松隐蔽的居住环境。别墅造型非常现代，与英国南海岸美丽的乡村环境相得益彰。

现代简约风格室内家具布置原则：

①通过研究人体在具体空间内活动的区域，在可能停留或必须停留处布置满足特定作用的家具。
②创造能感染或影响居住者的视觉心理或情绪的地方，或在有某种特定氛围地方进行布置家具。
③充分利用空间、有利于方便生活，力求以实用，美观出发（组织人的视线、强调整体平衡），在可能的情况下布置家具。

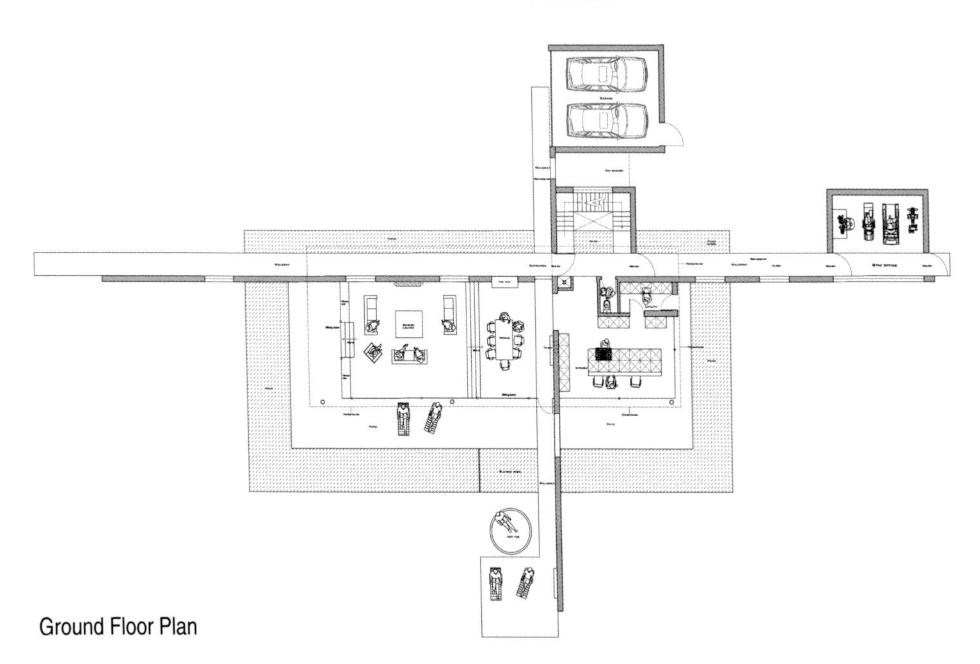

Ground Floor Plan

材料的选用温和低调，以白色和灰色两种色调为主。一楼墙面采用天然石料，灵感源于当地12世纪修道院的建筑，营造粗糙的质地之感。室内外地面铺设颜色较深的地砖，使别墅显得格外庄重，光线与空间完美融合毫无界限。本案超级隔热使其成为了极其节能的住宅，地下热能为室内提供热量，大的悬臂结构减少夏日日光量的汲取。

简约风格的建筑以及室内装饰的风格是均衡和一致的，都强调平面的自由感和造型的理性感。此外，推崇简约风格的设计师在作品中还表现了对于矩形的推崇和对于一切复杂图形的排斥，而将精力集中在对于建筑材料和建筑工艺的钻研和创新上，从而符合现代生活的节奏。

■ House N

■ N型屋

■ 埃文犹大. 以色列

■ **室内设计:**
Sharon Neuman Architects,
Oded Stern-Meiraz

■ **摄影:**
Elad Sarig

软装点评：长桌排椅列阵而待，极具造型的吊灯、跳跃的橘黄色，令整个空间充满了趣味性。子女房的配饰，衬托了儿童单纯之玩趣、心智。

这座260m²极具现代简约风格的房屋位于埃文犹大的乡村小镇，由Tel Aviv驱车20分钟便可到达。本案的设计灵感来自于简约派艺术家Walter De Maria的作品——“哥特式绘图”，简单的二维建筑绘图仿佛出自孩子之手。

未经装饰的顶棚和质朴的隔墙，缺少饰品或其他杂物的空间，让空间本身成为主角是简约空间最常见的外在形式。那些被拿掉的装饰，被略去的细部，使得结构揭示了建筑作为一种纯粹的价值而存在的意义。简约主义的建筑因为它对室内周到的关心而与传统建筑方式相联系，都是由设计师设计整个建筑的每个阶段和细节。

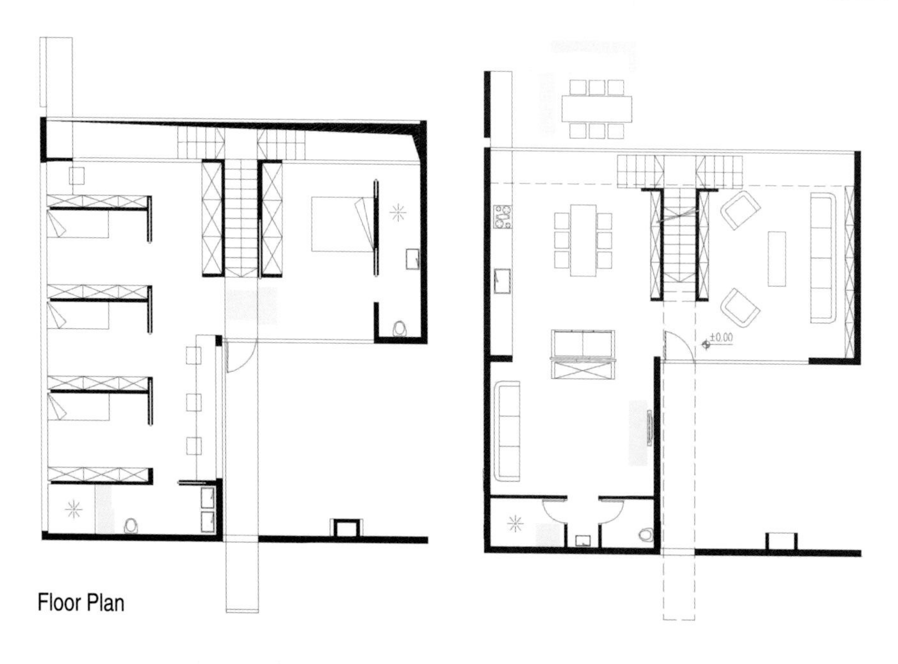

Floor Plan

室内一整面的砖墙与室外的烟囱相连，为整个建筑增添了古老气息，也为居住者提供必要的隐私保护。而房屋的后方，面向北方，全玻璃的设计让视野更加开阔。位于一楼的开放式阳台即可以起到遮蔽地下室入口的作用，也为更好地引导人们进入室内架起一座桥梁。

简约主义风格其通过它的简单构造和谨慎判断达到了它的终极的目的。作品中装饰元素的缺失可以被解释为它对未来的某种承诺，追求精致的构造使建筑在开始的阶段造价不菲，但只有这样才能在时光的流逝中使它自己有抗拒磨损及老化的防卫能力。

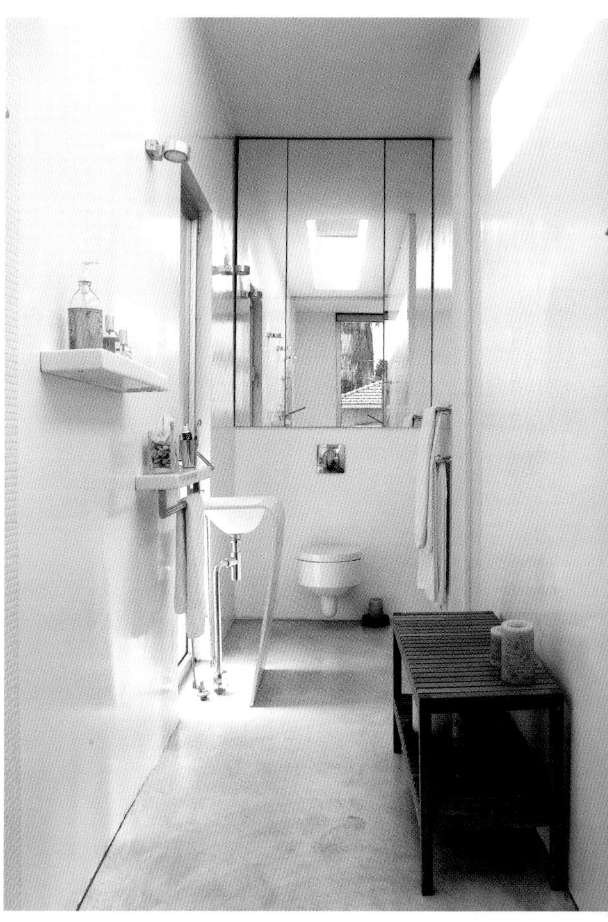

House in Foz do Douro II

福什杜杜罗住宅

波尔图. 葡萄牙

- **室内设计:**
  Jose Carlos Cruz Arquitecto
- **摄影:**
  FG+SG – Fotografia de Arquitectura

软装点评：本案中以大幅面色块为主题的艺术装饰画，不仅化解了大面积黑色的压迫感，也让整个空间焕发出勃勃生机，即使室内的家具或配饰简单而纯粹，也能演绎出一派恬静的空间感觉。

这座房子是位于两个街道和两个房屋之间的一座小山上。其足迹暗示着以前的建筑的位置。透明度和自然光成为该项目的一个基本要素，透过法国梧桐树梢可以看到经过的河流。透明度也给人们一种内部组成和外部环境之间的连续性的幻觉。

在简约主义的潮流之下，选择家具的随意度很高，此时该如何为家具作恰当的定位呢？专家认为，再简约的家也存在一个风格。即使不知道家里是什么风格，但家里的地面是什么颜色，家里的主色调是什么，这些应该都了如指掌。选择家具最简单的方法，就是不要和家里的主色调出现色彩上的冲突。再进一步，就可考虑按自己的性格选择家具风格。比如你虽属偏于冷静的性格，但内心仍潜藏相当激情，此时你可以选择一套不会犯错的中性现代家具，且同时购买一两件颜色与主调迥异的单件家具，便能产生一种冲破沉闷的视觉美感。

PICASSO
ART NOW

可塑及清新的装饰，简约而不失丰富，材料的选用、黑与白的色调，设计物品和艺术作品等方面无一不体现着这一特色。外部建筑结构面向河流与房子和街道紧密的布局形成对比。

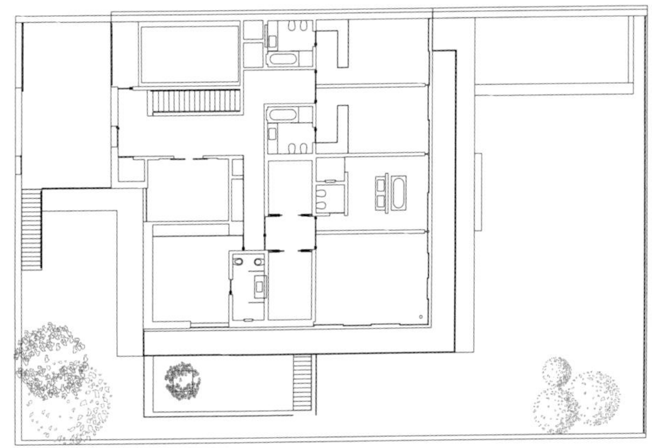

现代简约风格的空间设计中，整体的和谐和美观是判断作品好坏的首要标准，简约风格看似平常，却也是一种颇具品位的风格。

■ Omihachiman House

■ 近江八幡市住宅

■ 滋贺县. 日本

- 室内设计:
  Alts Design Office
- 摄影:
  Fujishokai,
  Yuta Yamada

软装点评：本案中白色为主调的整体设计，诠释出空间的雅致与柔美。采用柔和的白色窗帘提亮空间，让空间看上去更加明亮而优雅，更充分地展示出主人的审美品质，这种对色彩的大胆施展值得软装设计师们借鉴。

首先，Alts设计办公室来到客户的住处，试图以现代的方式重现空间。设计师将整体空间划分为小空间，并通过楼梯间和小穴将这些精心设计的小空间连结起来。

室内空间的分隔大致是按照房屋本身的使用功能要求作处理的，随着建筑材料的多种多样，纵向的、水平的、内外穿插的、上下交叉的、加上采光、照明的光影、明暗、虚实、陈设的简繁及空间曲折、大小、高低和艺术造型等种种手法都能产生形态繁多的空间分隔。

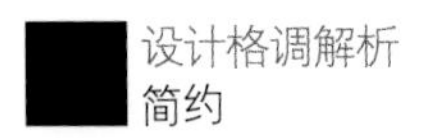

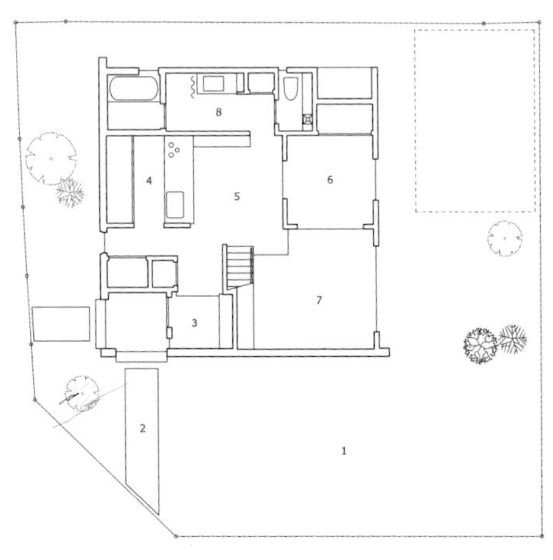

1st floor

2st floor

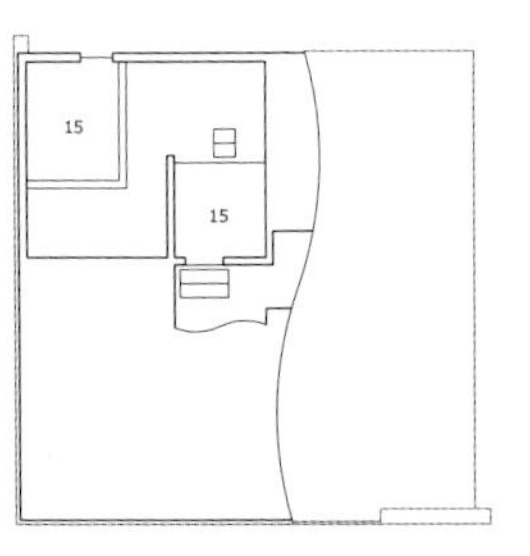

3st floor

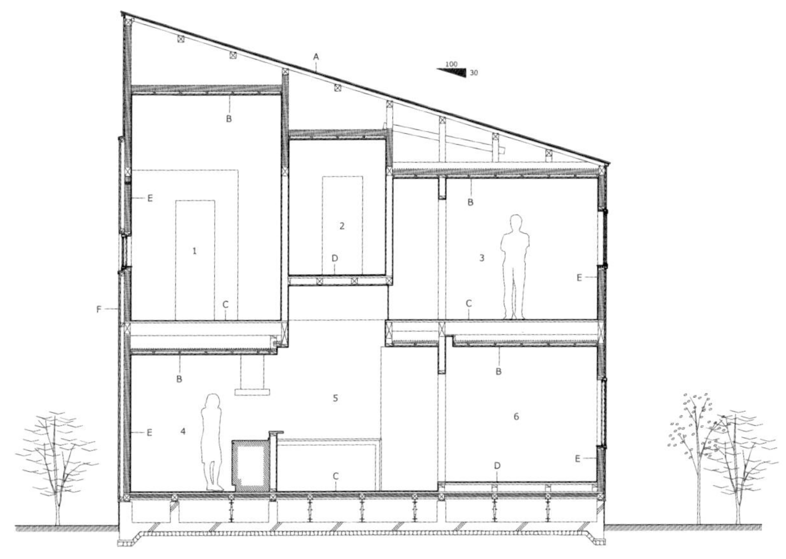

A-Roof:Corrogated galvanized steel sheeting t0.40mm
B-Ceiling:textile wallpapers|Plasterboard t9.5mm|Ceiling joist:30×30mm@303mm|insulation:Glasswool t90mm
C-Floor:wood flooring t12|Structural plywood t28mm
D-Floor:Ryukyu tatami t15|Structural plywood t28mm
E-Walls:textile wallpapers|Plasterboard t12.5mm|insulation:Glasswool t90mm
F-External walls:Plasterer coating | Unpaintedsiding t14mm | Vent furring strips:30×15mm|Moisture permeable waterproof sheeting

1:bedroom 2:Japanese room 3:children's room
4:kitchen 5:dining room 6 : Japanese room

detailed section drawing 1:50

该设计虽未进行空间划分，却令人们感觉彼此相关，在家庭之外拥有属于自己的空间。犹如设计师在洞穴中营造自己的空间。有自己的空间，感觉他人的存在，向每个空间望去，但却不能看到全貌。尽管空间不大，却给人们带来宽阔的感觉。隐约感觉空间蔓延，隐约感觉彼此的气息……这种含糊不清的“模糊的感觉”是这所房子令人们感觉舒适的原因。

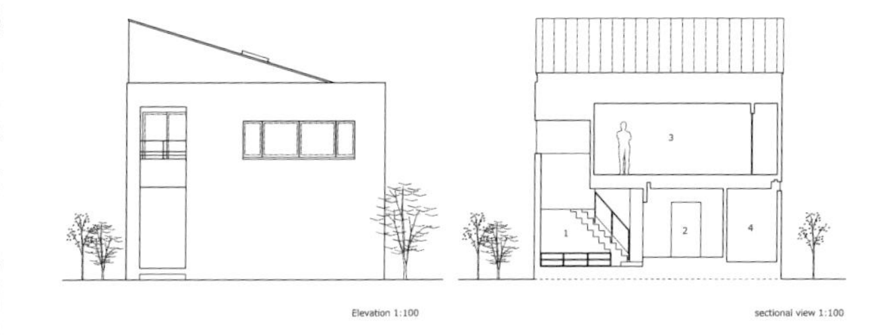

Elevation 1:100

sectional view 1:100

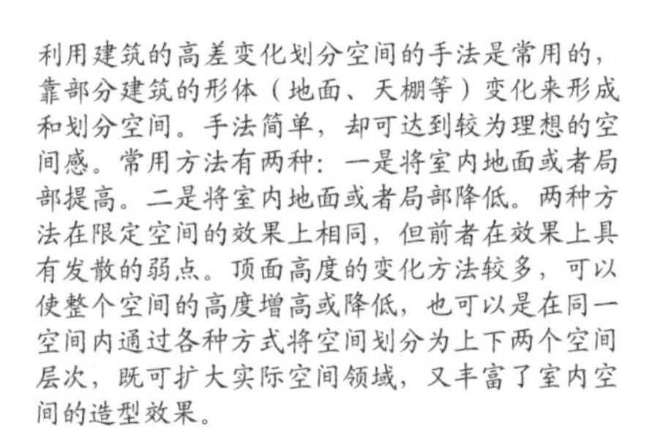

利用建筑的高差变化划分空间的手法是常用的，靠部分建筑的形体（地面、天棚等）变化来形成和划分空间。手法简单，却可达到较为理想的空间感。常用方法有两种：一是将室内地面或者局部提高。二是将室内地面或者局部降低。两种方法在限定空间的效果上相同，但前者在效果上具有发散的弱点。顶面高度的变化方法较多，可以使整个空间的高度增高或降低，也可以是在同一空间内通过各种方式将空间划分为上下两个空间层次，既可扩大实际空间领域，又丰富了室内空间的造型效果。

■ Potrero Residence

■ 波特雷罗住宅

■ 旧金山. 美国

■ **室内设计:**
Cary Bernstein Architect
■ **摄影:**
Cesar Rubio

软装点评：设计师在这个项目上以一种心境上的停留和转折点出发，回到家后的放松姿态，透过经得起时间历练的实木家具与艺术画作的陈设，引导出远离尘嚣的宁静意象，孕育出家的生活质感。

该项目位于旧金山一处宽度为长三倍的地皮上，主要是对老农舍进行翻修与扩建。房屋两个改造阶段的完成标志了业主的人生轨迹从单身汉过渡到三个孩子的父亲。到业主购买此处房产时，该房在过去近100年里已经过无数次随意改动。

绘画作品、雕塑、工艺品、装置艺术都常被用作室内空间的装饰。其中，绘画作为一种最具表现力的艺术门类之一，其种类、形式繁多，根据所用材料可分为油画、水墨画、版画、水彩、水粉等。

在室内设计中，不同类型的绘画、装饰画对室内氛围的渲染都至关重要，通常可起到画龙点睛的作用。

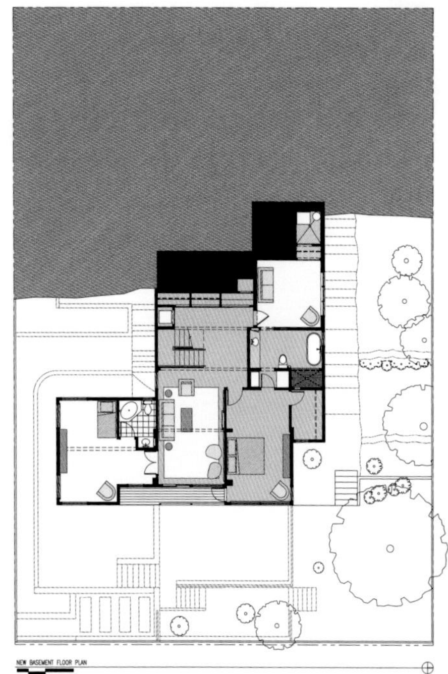
NEW BASEMENT FLOOR PLAN
0
5'
10'

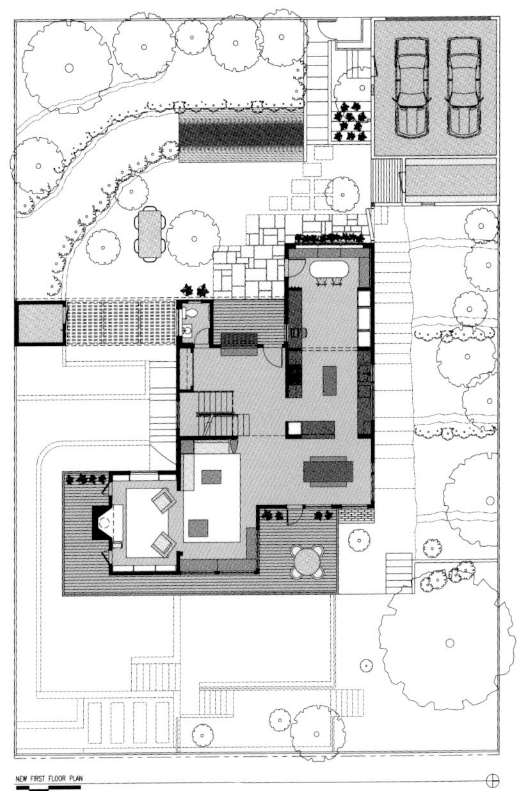

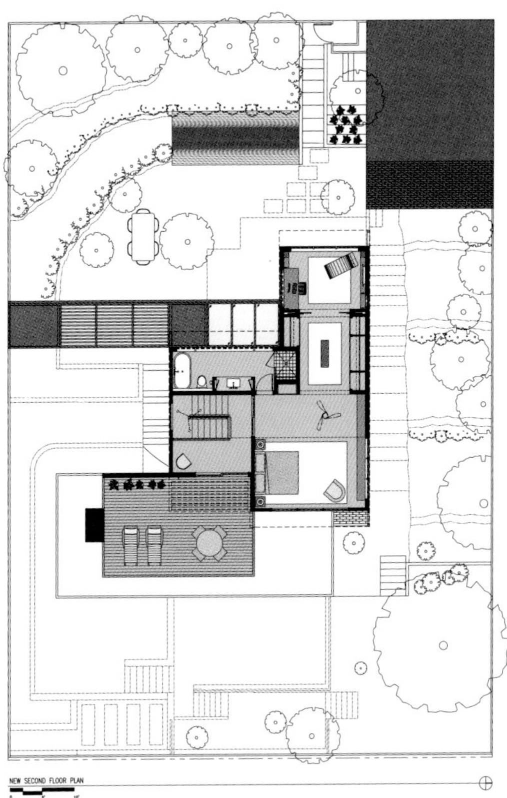

房屋的建筑设计通过将其现代化的开放性室内设计与户外的当代建筑材料的使用结合到了一起，使这座原始的农舍变得既讨人喜欢又有特色。

不规则的组合，玻璃的随意选择以及粗糙的镶板的使用都激发了这座历史性建筑物的新活力。房屋所包含的可持续性元素包括高性能窗户，循环加热系统，回收再造的木质地板以及可渗透的硬质景观。房屋室内的家具设计非常简约，给人舒适感。

总体来说，房屋的室内设计既简约又时尚。该房屋的建筑设计和室内设计充满了趣味性，展现出这座现代化住宅早年的风貌。

Colunata House

柱廊住宅

拉哥斯—阿尔加威. 葡萄牙

- **室内设计:**
  Mario Martins
- **摄影:**
  Fernando Guerra [FG + SG]

软装点评：本案以当代生活的节奏为主轴，搭配黑、白、灰三色充满现代质感的中性色家具，大量降低装饰性的干扰，洗练地让线条和留白在空间中流动，椅子的靠背上的装饰线，体现了设计师对细节的把握。

房子位于葡萄牙南部的卢斯——拉各斯，面向大海风景引人入胜。该房屋为一栋纯白色的建筑。由于房屋朝南，因此光照很充足。正是这种强光及其照射到该建筑上所产生的独特阴影加强了这栋白色建筑的色彩感及建筑意图。房屋周围的水域及自然景观突出了环境的宁静。

布艺沙发的分类：

①纯布艺沙发：是指沙发的面料全部采用布料（如：混纺 棉麻 麂皮绒等等）。
②皮布结合沙发：是指沙发的面料采用布料.牛皮.仿皮组成。
③休闲布艺沙发：设计比较适合年轻人，设计比较符合现代社会，设计比较超前，沙发色彩丰富，款式多样，挑选余地大。适合现代装修风格。
④欧式布艺沙发：特点是体型大，具有欧陆风格，一般都是仿照法国、英国等地方的风格来设计。

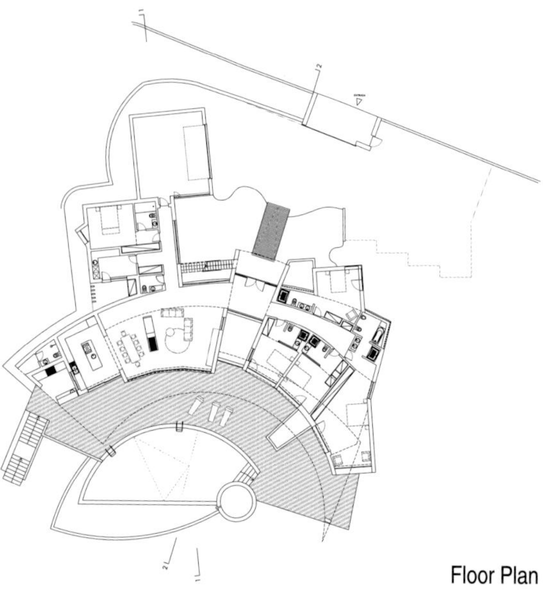

Floor Plan

房屋是由一系列的白色空间有序的组合到一起。正面是一个环绕泳池的半圆形开口并且面朝大海，十分开阔。这种结构使房屋主要空间的中央露台更隐秘，视线范围更加开阔。在这一层，房屋的主要功能性部分都是围绕该露台建造的。建筑内有五个带浴室的卧室和一间可通向厨房的大客厅。车库以及专门的和服务性的区域保障了该房屋的使用品质。

丝质、绸缎、粗麻、灯心绒等耐磨布料均可作为沙发面料，它们具有不同的特质，丝质、绸缎面料的沙发高雅、华贵，给人以富丽堂皇的感觉；粗麻、灯心绒制作的沙发沉实、厚重，给人自然、朴实的感觉。

■ Collector's Loft

■ 收藏家阁楼

■ 圣安东尼奥. 美国

■ **室内设计:**
Poteet Architects,
Jim Poteet,
Brett Freeman

■ **摄影:**
Colleen Duffley,
Chris Cooper

软装点评：本案最让人心动的不是多么奢华的铺张设计，而是艺术品与空间融为一体，浸润着居者的心灵。茶几、角几、沙发、抽象画、立灯、艺术品，材质色泽各不相同，却构成了极具和谐与美感的组合。

该阁楼为艺术收藏家/艺术家而设计，占据了圣安东尼奥市中心的20世纪20年代的工厂的顶部两层和屋顶空间。本案旧的结构和新的建筑都呈现白色，强调现有的砖石和混凝土板形成的新墙壁之间以及明亮的环氧树脂地板和漆橱柜之间的质地对比。

家具的设计和布置在室内空间中是有相当大的灵活性的，首先，家具遵从的整体的室内设计风格既可以确定一定空间内的特定气氛，也可以反映设计者的艺术品位和生活个性。其次，家具可以调节空间内部关系，利用大件家具分隔空间，变换空间使用功能、划分使用区域，提高室内空间的利用率。

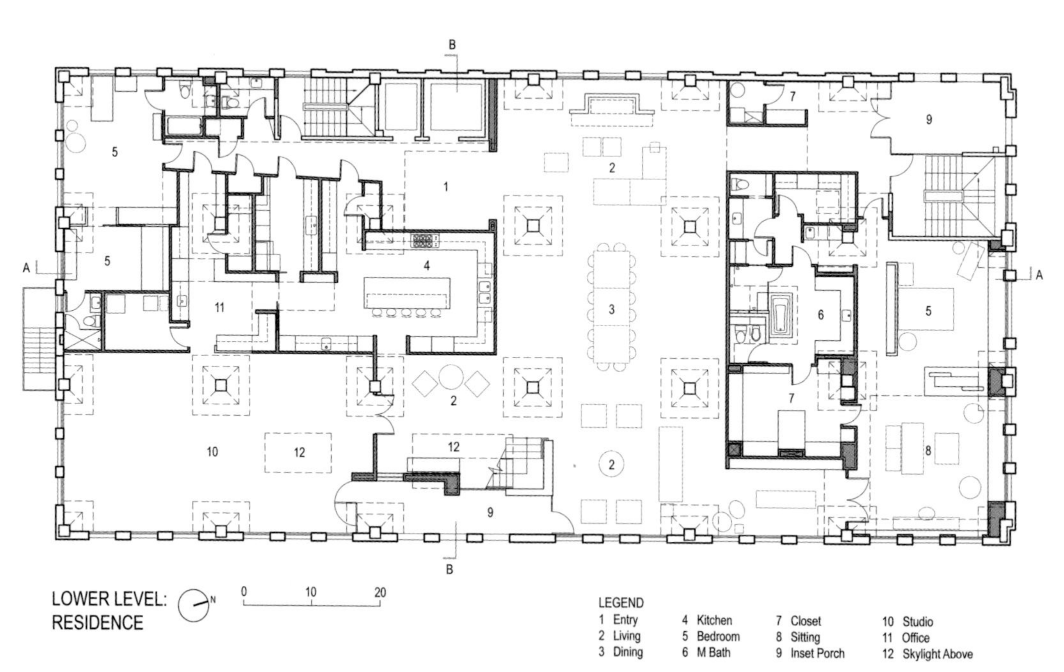
B
A
A
B
1
2
3
4
5
6
7
8
9
10
11
12
LOWER LEVEL:
RESIDENCE
N
0
10
20
LEGEND
1 Entry
2 Living
3 Dining
4 Kitchen
5 Bedroom
6 M Bath
7 Closet
8 Sitting
9 Inset Porch
10 Studio
11 Office
12 Skylight Above

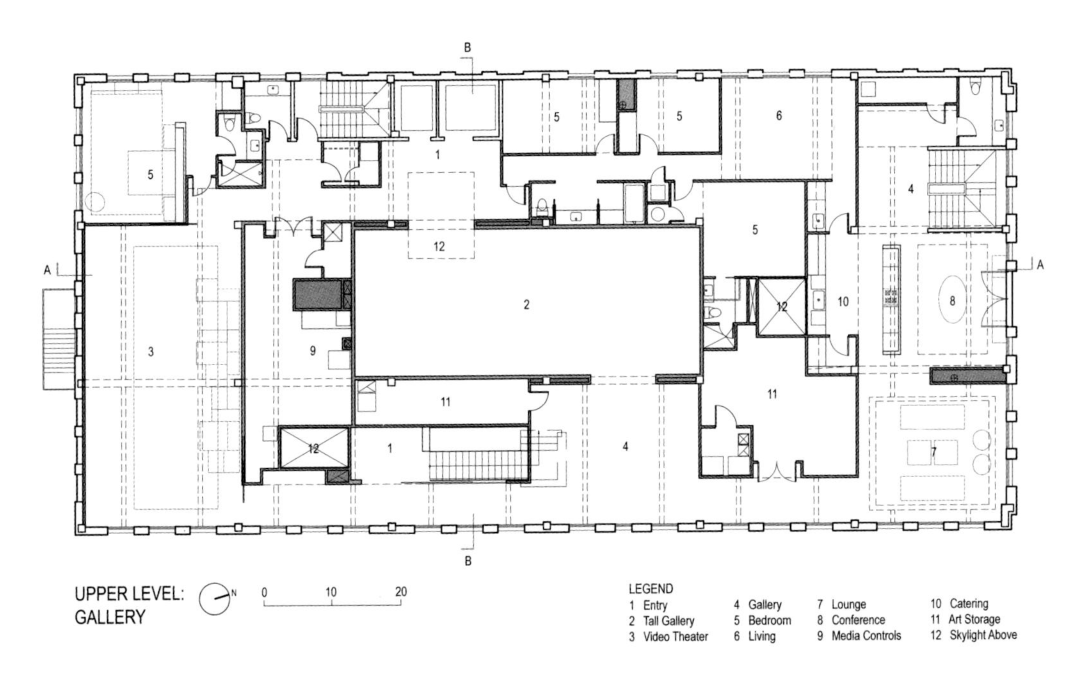

主要的生活空间位于底层，由钢和玻璃隔断创造的高高的天窗轴和嵌入式门廊使漫射光深深射入空间。上层作为一系列的画廊空间，包括黑盒剧场展示录像艺术及通过切割现有的混凝土结构创造的高耸的画廊。在风景优美的屋顶，高大的画廊的提升部分由科尔顿建成，为人们提供独特的娱乐空间。

室内家具陈设形式：

①规则式：是以对称形式出现的，它能明显地体现出空间轴线的均衡状态，给人以庄重的感觉。
②自由式：是以一种有变化而又有规律的不对称均衡安排形式出现的，它给人以活泼轻松的感觉。
③集中式：所有的家具围绕一个中心或以一组主要家具作为中心。
④分散式：分成若干组家具，不分主次，适用不同功能要求分区布置。

■ Camarines House

■ 卡马里内斯住宅

■ 马德里. 西班牙

■ **室内设计:**
A –cero
■ **摄影:**
Luis H. Segovia

软装点评：在巨大的白色墙面包围下，设计师采用了彩色的油画作品为纯净的客厅注入了活泼的气息，避免了荒凉和寒冷感。客厅家具运用了切割、阵列的手法，站在这个极简的家中观看外面的风景，颇有一种繁华过尽后归于淡泊的人生心境。

该项目位于马德里的郊区，靠近阿拉瓦卡独立住宅区，面积631,71m^2。两个与地面垂直的平行平面贯穿整个建筑，所形成的“双建筑”外貌是住宅建筑的主要特点。房子以这两个平面为轴，由多个彼此相连的空间和谐地构成。

简约风格的家具外形上看构造简单，却追求别致，强调细节。在材料质感的搭配上，简约风格家具强调时代感和潮流感，追求视觉刺激。常用金属质感的色泽：比如银灰，银白，灰金色，貂皮金色，贝壳金色，珍珠金色，亚光金色，深棕金色，灰蓝金色，银金色，晚霞暖金色，铁锈色等等，当然，颜色不能太没有规律，或者过多。这样反而会起到反面的效果。

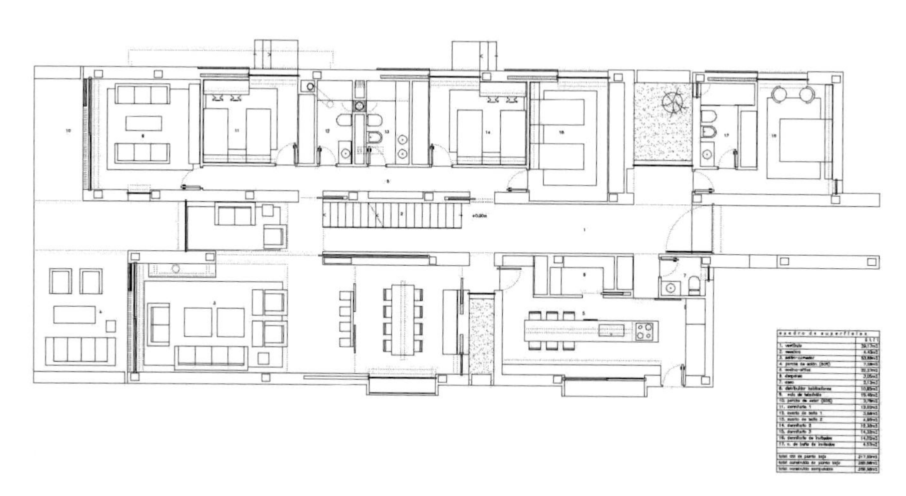

大部分的公共区域，包括厨房、餐厅和休息室都在走廊的一侧，另一侧有四间卧室，其中包括一间客房。经过棱角分明的楼梯到楼上，是房主大部分的私人空间，在其中一侧有一个带浴室的大房间，而另一侧则是面向休息室开放的书房和藏书室。

房屋的外墙由单层砂浆砌成的，将建筑的外貌和线条展露无遗。在房屋内部，一楼的地面是由‘Macael’大理石铺成，二楼则是木制地板。

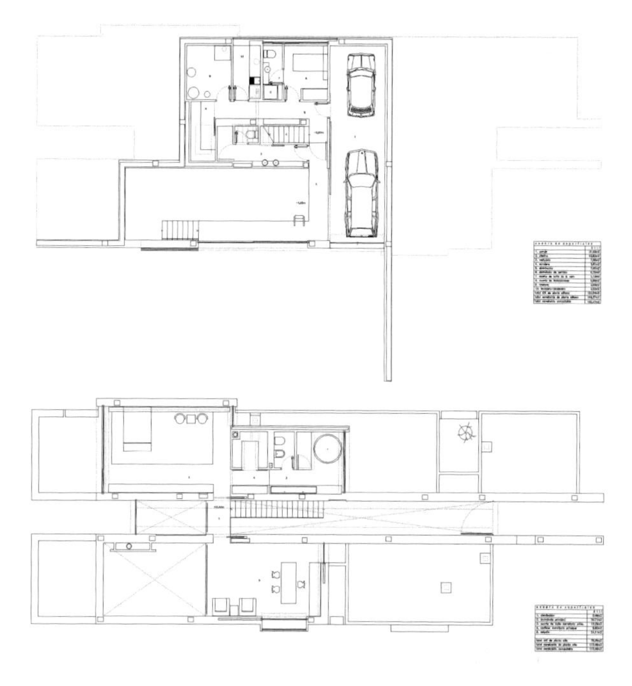

现代风格的简约家居也适合小户型的房屋，因为简约家具看似简单却功能丰富，比如折叠，两用等等。这样，既不占地方让家显得狭窄，也能满足日常生活的需求。

earth
USGS

■ Natural

天然环保

始终有人在反思工业化、信息化、全球化的生活方式究竟可以带我们去一个何等景象的未来？是一个徒有表象，光怪陆离的科技堡垒？或是一个可以居住的更好更舒适更健康的阳光家园？大概所有热爱生活的人都会选择后者吧。

天然环保的风格，在建筑上，通过设计建筑内外空间中的各种物态因素，使物质、能源在建筑生态系统内部有秩序地循环转换，获得一种高效、低耗、无污染、生态平衡的建筑环境，在室内，未经雕琢的原木色系是大多数此类风格最直观的视觉表现，这似乎是为了体现原生态的自然感,但简朴的表象下应该是整体设计的绿色化，用更少的、更清洁的、更低碳的材料表达符合意愿的设计，其中对自然采光、节能设备的利用也是必不可少的。

当今世界，人口剧增，资源锐减，生态失衡，环境被破坏，人类生存和发展与全球的环境问题愈演愈烈，生态危机几乎到了一触即发的程度。天然环保风格的存在，体现了技术至上的时代里，一个地球卫士的责任感。

Kofunaki House

自然之家

滋贺县.日本

- 室内设计:
  Alts Design Office
- 摄影:
  Fujishokai, Yuta Yamada

软装点评：设计者巧妙地在素雅而静谧的开放式空间中，运用了净色的薄纱作为隔断，增加了无可取代的轻松气氛。轻薄造型的座椅和绿植的互相映衬，更是把大自然的生气带进了这个生态之家。

古时候的人们喜爱大自然并与大自然共存。自然光线、舒适的风及许多植物无一不给予人们超越其本身的价值。设计师决定为本案创造一个生活在树林中的主题。在这个生态之家，人们仿佛生活在自然环境中，怡然自得。

室内生态设计几乎是伴随着人类社会高度工业化过程而诞生的室内设计理念，是源自欧洲提出的一个综合环境概念，它包含多个基本条件：声、光、水质、地质、绿化率、抗灾能力等自然环境，通风、换气、日照、采光、空气清洁度、温度、相对湿度、建材及施工技术等室内空间环境。

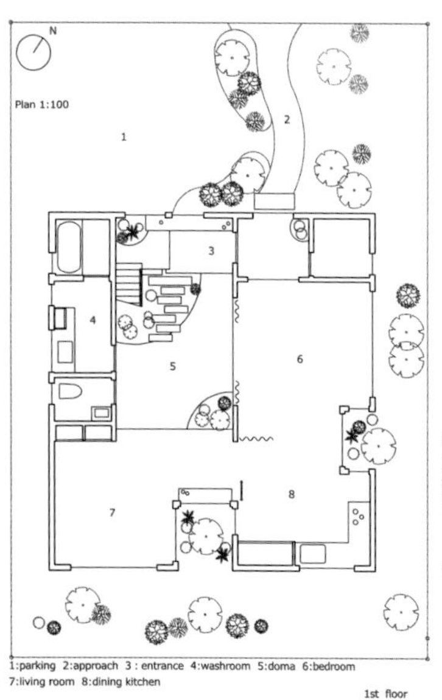

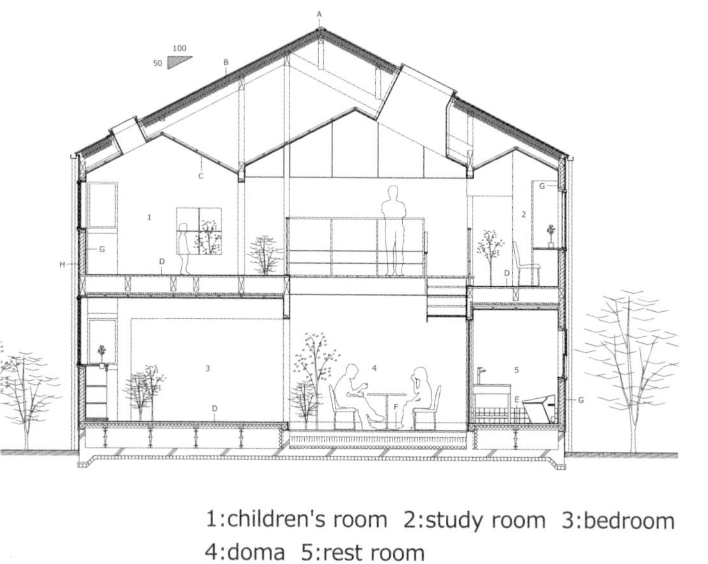

1:children's room 2:study room 3:bedroom
4:doma 5:rest room

这栋房子室内外完全分开，但内部和外部过渡更自然。本案设计令人们充分感觉到树林、大自然的气息，享受季节的变更。设计师为客户营造崭新的空间，令人们充分享受丰富多彩的生活。

根据生态指标，室内温度全年应保持在17—27℃之间，相对湿度在40%—70%之间。把生态思维和数据量化监控引入室内设计，在满足室内设计功能的基础上扩展室内设计内涵，将居住艺术与现代技术相结合，推动建筑业对地球资源的使用从消费型向可循环使用型的转化。

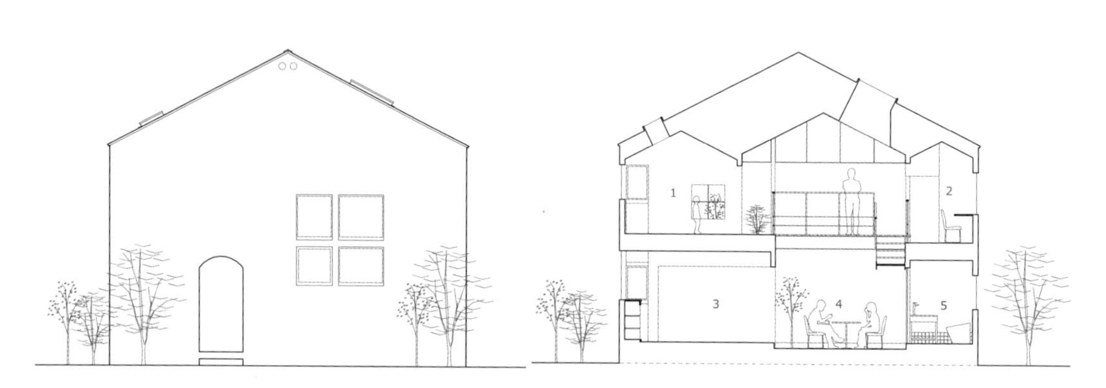

Elevation 1:100

sectional view 1:100

1:children's room 2:study room 3:bedroom
4:doma 5:rest room

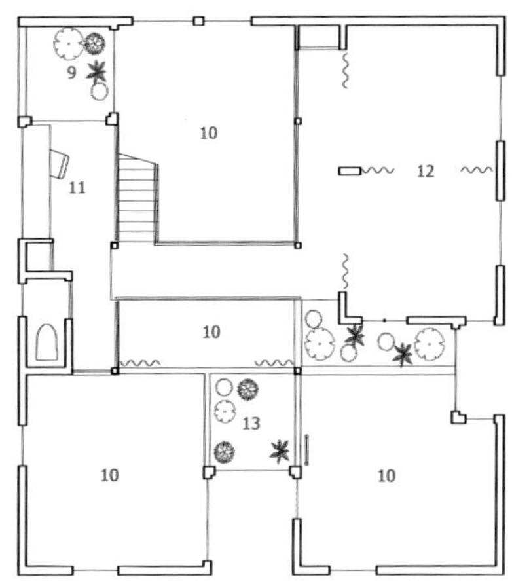

9:balcony 10:void 11 : study room 12:children's room
13:loft

2st floor

温暖的原木色占据了视线遍及的室内空间。让这个设计更显整体化，温馨的绿色植物点缀其中，配合天然完美的大结构采光，让这个LOFT空间充满生活的趣味。

Get Lost in the Woodsy Ranco House in Chile

迷失深林

兰科湖. 智利

- **室内设计:**
  Elton+Léniz Arquitectos Asociados
- **摄影:**
  Marcos Mendizabal

软装点评：阔大的空间，分为多个组团，客人们可以在各自的圈子找到共鸣的话题。软装面料采用舒适的布艺和天然朴拙的木质相结合，极具休闲气息，个性吊灯与建筑的气质相呼应，催化出奇异的视觉效果。

该建筑坐落于一个优越的地理位置之上，拥有广阔的视线范围和良好的房屋朝向。因此该房屋的建筑外形是在适应并尊重当地现存的自然景物，包括巨型岩壁和一些本土植物的基础上设计的。该房屋无论在外形还是在其他设计上都尊重了当地的自然景观，这也是为什么它的两大组成部分是由一座环绕着岩石并且与树木位置相适应的桥连接起来的原因。

绿色设计的关注点在于将房屋看成一个设计的整体，而不再有室内和室外的区别，认为房屋本身应该像是一个具有新陈代谢功能的有机体，从环境定位上将其生物化，建筑材料是房屋的“皮肤”，室内设计是房屋功能的“内循环”，人在其中的作用是主动地参与房屋的功能，而不是被动地欣赏和享乐。一切遵循可持续发展的原则，强调站在科技的高度与大环境融为一体。

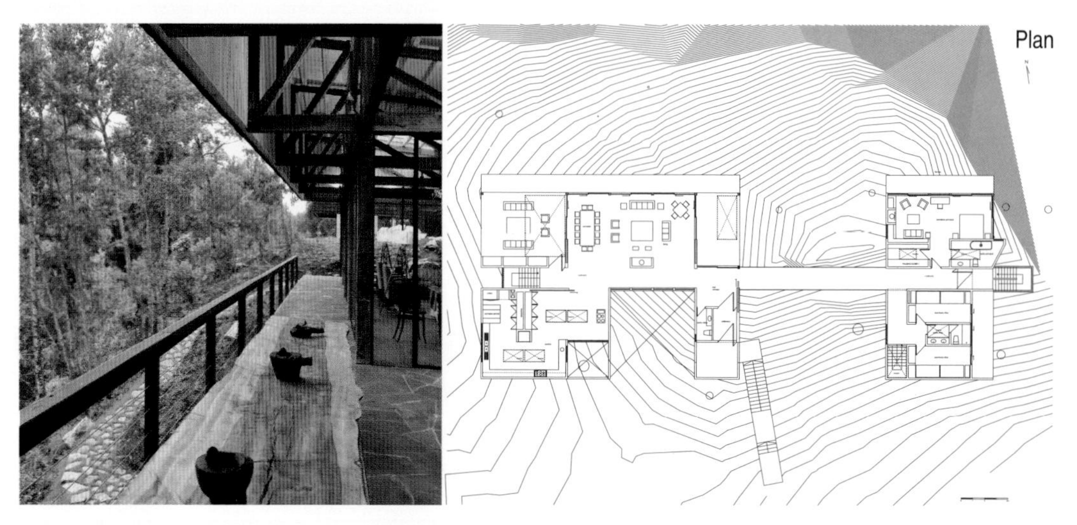
Plan

该房屋所反映出的特色与其使用的生长在智利南部的典型材料（屋面板瓦，木材）相关，并且用其特有的方式对木材的表面进行了加工处理使其颜色变黑，最终使房屋内部看起来充满自然气息。

此外，设计师还利用现代化的方式处理了水泥并建造了一个高大宏伟的平台使其成为了该设计的重要组成部分。这样做的结果是建成了一座典型的南方谷仓与当代风格相结合的房子，并且将房屋的内部与外部进行了整合，使它变成了一间占据了良好地势且面向秀美自然风景的树屋。

■ Office Greenhouse

■ 绿房子办公室

■ 里加. 拉脱维亚

■ **建筑设计:**
Zane Tetere

■ **室内设计:**
Open Architecture and Design, Zane Tetere, Elina Tetere, Karlis Lauders (architect-assistant)

■ **摄影:**
Maris Lagzdins

■ **客户:**
Binarium

软装点评：订制的办公桌，每个功能区都事先预设，使用起来恰到好处。葱郁的绿植把大自然的生气带进了办公区，增加了层次感，同时也把办公室变成了一间绿意盎然的温室花园。但此种办公桌失去了再次利用的价值，所以，任何的设计都有两面性，鱼和熊掌不可兼得。

Office Greenhouse的设计充满绿色植物，客户的主要期望就是令空间充满草本植物。办公室空间的细节工作使将本案打造为开放式办公室成为可能。本案只为少数员工设计特殊的陈列柜。在开放式办公区多功能家具与工作区、休息区（沙发）、餐饮区及树融合。

室内绿色设计的基本特征：

①尽量多地使用无害化、可降解、可再生、可循环的建筑材料或者室内材料。
②创造和谐的室内物理环境，包括良好的声、光、热、水、电、暖环境，并有良好的通风和采光。
③尽可能使用天然能源和可再生能源，开发利用天然能源，可保证能源的永续供应，减少大气污染物和二氧化碳的排放。它既满足使用能源的可持续性，又不会对环境产生危害，最符合生态型的室内环境要求。

Plan

设计师巧妙地运用6mm厚度的金属板、金属槽、及可抽拉的垃圾箱打造厨房区域。厨房墙面上的盆栽植物被放置在墙架上，墙架被固定在墙上。从开放式办公空间可以看到墙的构造，在陈列柜一侧使用石膏板。墙被刷成白色，在一些角落砖被保留其原有外观。在开放式办公空间设有窗户的陈列柜采用Timorous Beasties设计公司的墙纸及展现伦敦诙谐情景的伦敦棉麻布，与绿色生态主题遥相呼应。

棉麻布料的优点：棉麻布PH值呈酸性，对皮肤无刺激，符合环保及人体健康要求。棉麻布抗静电、不起球、不挫起、不卷边，不带自由电荷，棉纤维不易变形。纺织品不含甲醛、偶氮等化学重金属离子，是真正的绿色生态纺织珍品。

SMEG

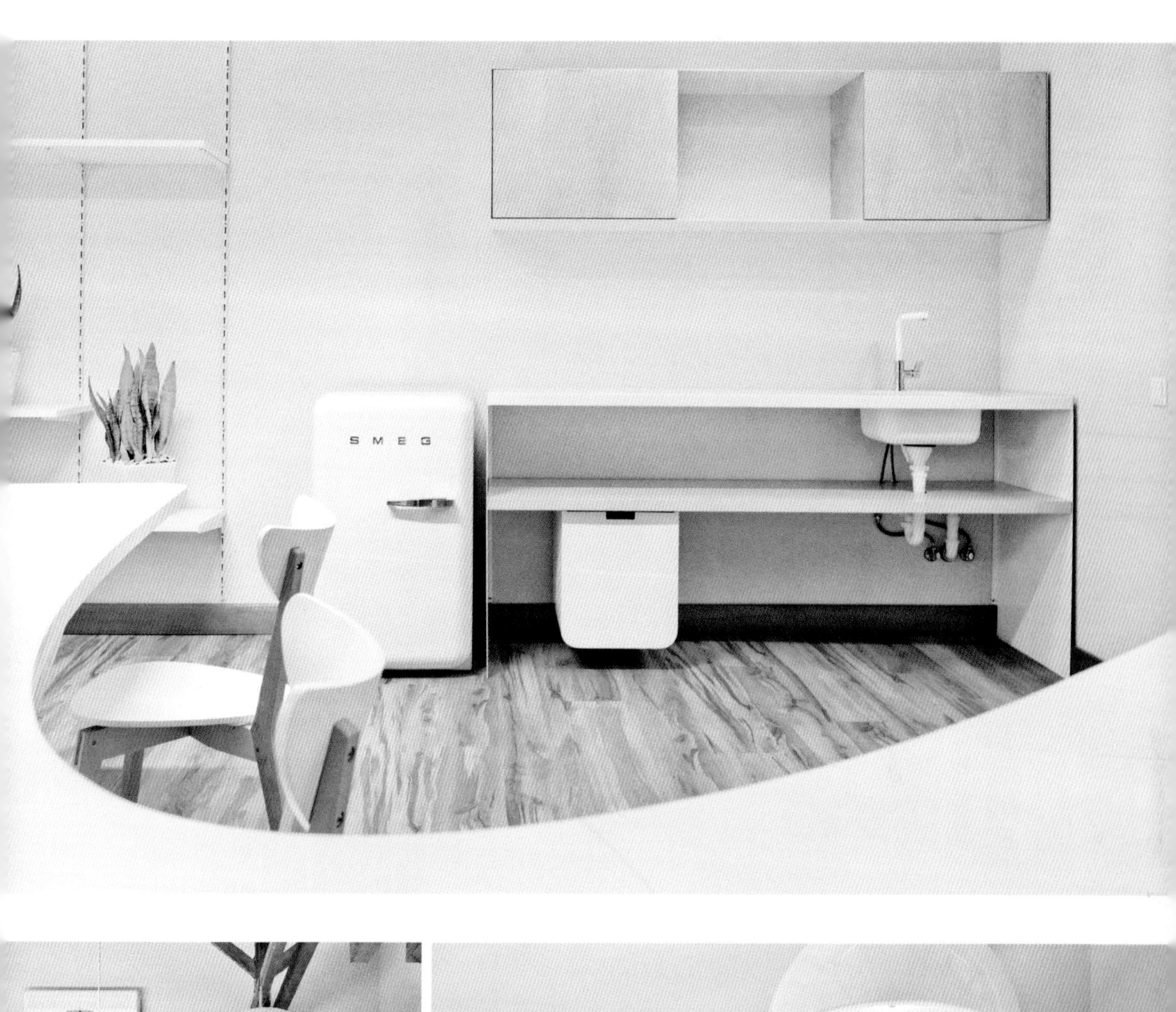
SMEG

SMEG

■ Mosaico

■ 马赛克餐厅

■ 雅典. 希腊

■ 室内设计:
Panos I. Zouganelis S.A.

■ 摄影:
Dimitris Benetos

■ 客户:
Panos I. Zouganelis S.A.

软装点评：过道上摆放了一排充满艺术品位的原木，强烈的造型与淳朴的色彩，即刻提升空间的人文质感。在软装陈列表现手法中，属于阵列式。

本案的设计秉承可持续性的生态环保理念，大楼被刷成绿色，两柱马赛克直上而下反射日光并彰显朝气。建筑的侧面两个球体彼此排列代表两种生活模式——全球共存。光伏板为公共空间提供能量，电子照明的使用减少了能量消耗。

光伏板组件是一种暴露在阳光下便会产生直流电的发电装置，由几乎全部以半导体物料（例如硅）制成的薄身固体光伏电池组成。由于没有活动的部分，故可以长时间操作而不会导致任何损耗。简单的光伏电池可为手表及计算机提供能源，较复杂的光伏系统可为房屋提供照明，并为电网供电。

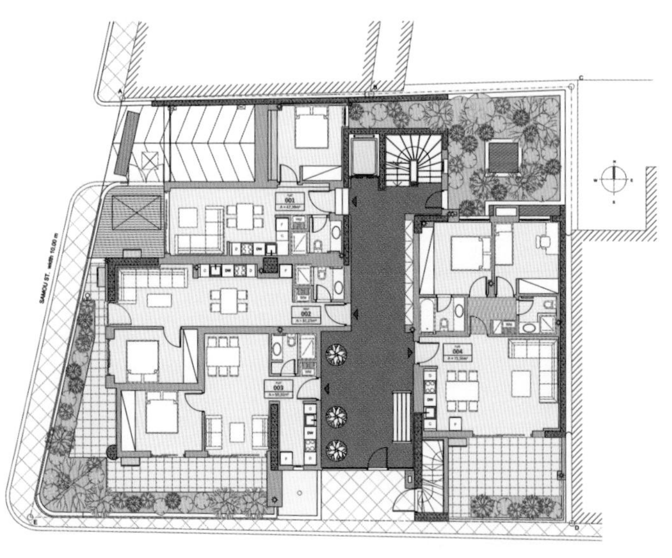

Ground Floor

内部黑色马赛克地面像地毯一样散布，入口处矗立着三棵光秃秃树干，它们来自正在消逝的亚马逊热带雨林。室内通过艺术品的陈列，呈现充满艺术气息的设计，象征主义反应周围地区的生态复活，及不同人们的观点及看法。

对于自然元素的回归、象征和运用是本案的软装特点，无论是年轮图案的墙纸，各种原木纹理的艺术品以及绿色的窗帘都是带有着设计师强烈的暗示的。而直接的表现手法需要对于所想表现的质感有着准确而冷静的判断力。

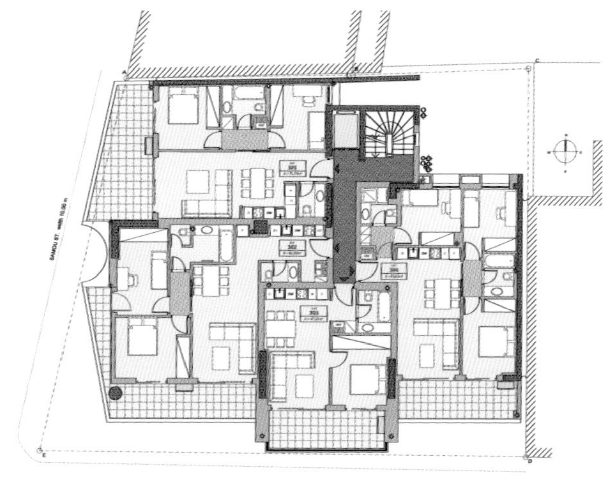

3rd Floor

Bahia House

巴伊亚别墅

萨尔瓦多. 巴西

- 室内设计:
  Diana Radomysler
- 摄影:
  Nelson Kon

软装点评：房屋的底层空间开放式的软装设计，营造无阻碍的视野；色彩艳丽的地毯和挂画，与深沉的皮质家具搭配，让人感受到了巴西的热情和奔放。

巴伊亚之家是一个生态的房子。房子建筑利用的建筑知识，贯穿于巴西建筑历史中，为大家所熟知并经过更新。本案的设计考虑到选址、气候等要素，因此没有使用“绿色”软件，没有设备，没有预算。

生态美学是在传统美学的基础上，与现代美学相融合，并注入生态学要素的一种崭新的美学观点。在室内环境的创造上，一方面要遵循生态规律和美的自然法则，使室内设计尽可能符合生态系统的要求；另一方面，还要发挥人的创造力，运用科技成果加工改造自然，创造人工生态美的室内环境，达到人工环境与自然的融合。崇尚纯朴自然美，所追求的是一种更高层次的审美情趣，通过仿生物材料和不加雕饰的表面处理，带给人质朴、清新、简洁的视觉享受。

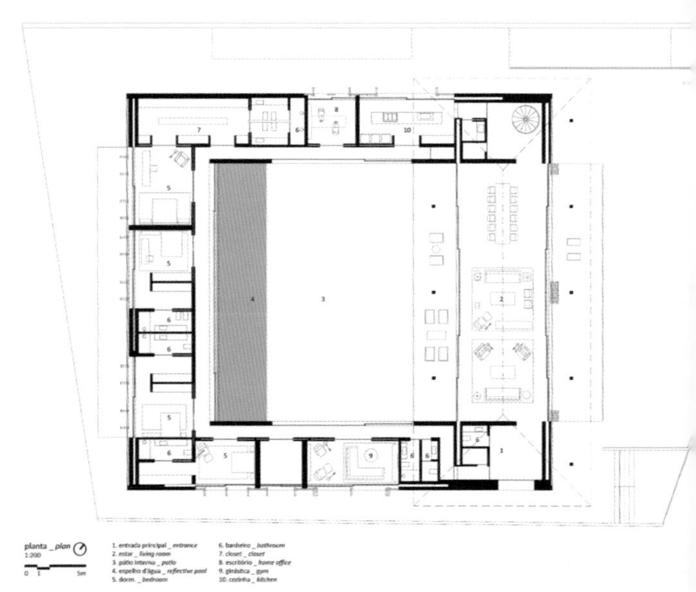
planta _ plan
1:200
0 1 5m
1. entrada principal _ entrance
2. estar _ living room
3. pátio interno _ patio
4. espelho d'água _ reflective pool
5. dorm. _ bedroom
6. banheiro _ bathroom
7. closet _ closet
8. escritório _ home office
9. ginástica _ gym
10. cozinha _ kitchen

巴伊亚之家即使在烈日炎炎超过40℃的天气里也会保持室内凉爽。它有黏土屋顶，还有以质朴的方式制成的旧式材料和木质天花板。

门口处的大木板，其起源受到阿拉伯文化的影响，由自第一世纪占领美国领土的葡萄牙殖民地文化引入到巴西。这些木板为室内营造了舒适之感。

平面图将从海上吹来的东北风这一因素纳入考量，室内主要空间交叉通风令室内凉爽。

The House in the Log Cabin

木屋

哈尔科夫. 乌克兰

- 室内设计:
  Ryntovt Design
- 摄影:
  Andrey Avdeenko

软装点评：本案中把自然文化元素无限放大，视觉上产生了形而上的环保效果，特别是树枝元素的发挥，是一个很好的设计亮点，作为软装设计师，在选题时，选取的代表性元素非常关键，好的设计不在于设计元素多么标新立异，而在于深层次文化的传播。

Ryntovt设计团队完成的独栋别墅项目位于哈尔科夫地区。住宅四周是高大的树木和多年生野草。虽然这间小木屋是根据标准计划施工，一种奇特的说法却存在，房子不仅出现在森林之内而是“长入森林之中”——其基底、每一个平面、每一个表面和每一个窗上的光芒都体现着这一理念。

绿色环保的建筑材料是所谓绿色建筑以及室内的最基本的构成部分，包括天然材质地板、环保涂料、再生壁纸等。绿色建材的选用要考虑到材料整个生命周期的过程，所用材料应尽可能少用天然资源，应大量使用可再生资源产品。绿色建材应采用低能消耗的制作工艺和无环境污染的生产技术，在产品配置和生产中，不得添加甲醛、卤化物等碳氢化合物等。

该设计基于生态设计的原则，设计团队在每一处设计工作及具体的建筑文化中尊重自然、崇尚材料，进行有意义的事情，这对设计师及未来的住户都是很重要的。实际上，设计团队密切关注和综合分析以下方面：材料来源、用于建设和维护而消耗的资源、安全性、最大限度减少废物、辐射及振动、使用简单、环保型可回收的建筑材料……

目前常用的室内环保涂料主要有：以木质纤维及天然纤维为主要原料经特殊科学工艺加工而成的墙衣材料、硅藻土涂料添加剂产品、无机胶凝材料等。

3 Hearts Chalet

三心小屋

巴涅. 瑞士

- 建筑设计:
  MCM Designstudio
- 室内设计:
  MCM Designstudio
- 摄影:
  Norbert Banaszyk

软装点评：在欧洲和美国的房子里，我们经常看到有动物的头部标本，很多人可能以为它仅仅是一个装饰物，其实不然，这种动物标本大多时候是主人打猎后的战利品，用来表达自己是一个优秀的猎手。所以，我们做为软装设计师要发现生活方式除了表象之外的东西。

木屋配置有最新的绿色技术可降低能耗，更有12m^{2}太阳能电池板和地热泵。设计公司倡导“田园风尚”——将传统工艺和现代设计相融合，完善的细节搭配智能的科技。对于设计师Milena Cvijanovich来说，伟大的设计是尊重传统、自然和个人生活方式。这个木屋是假日休闲聚会的好地方，同时也是逃离压力追寻内心的圣地。

大概田园生活是最绿色的生活方式了，而其中绿色植物作为最好的家饰物品，既能成为家居好摆设，又能吸收多余的二氧化碳，净化空气。日常生活中只要稍稍做一点改变，就能为“低碳”生活打下良好的基础。田园风格追求闲适的生活感，此类淡雅空间，很适合用花朵清新的郁金香、雏菊、向日葵、兰花等来衬托。

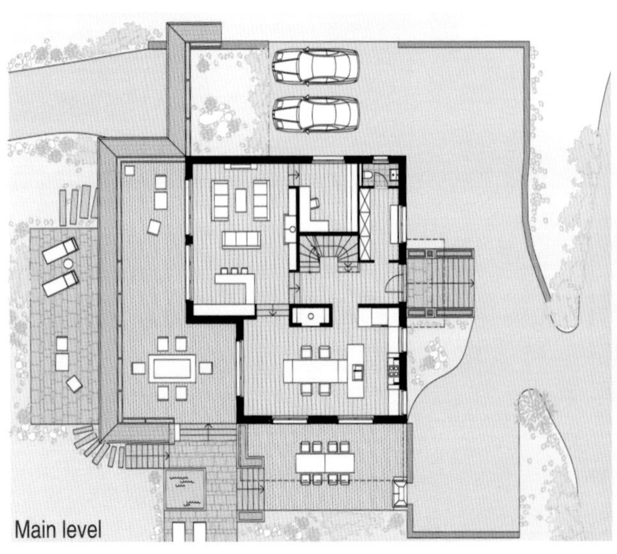
Main level

用天然材料制造出一个个微妙的变换，将阿尔卑斯地区环境用室内和室外、露天和温室、温暖和寒冷、粗糙和柔软进行对比和展示。经过清理和雾化处理的木材，使人想起周围的森林、地板、墙和天花板，让木屋充满芳香。粗糙而坚硬的阿尔卑斯大理石强化了室内外衔接和空间感。羊毛、皮草、毡和皮革为舒适的室内增添柔软和奢华感。间接的照明既营造气氛又突出天然材料的纹理。

在强调天然风格的房间内，往往采用木护墙板和木地板统一的手法，以使室内空间的材料格调一致，给人一种和谐整体景观的感受。护壁板可采用木板、企口条板、胶合板等装饰而成，设计施工时可采取嵌条、拼缝、嵌装等手法进行构图，以达到装饰墙壁的目的。

Chalet Edelweiss

雪绒花小屋

蒙塔纳. 瑞士

- 建筑设计:
  MCM Design studio
- 室内设计:
  MCM Design studio
- 摄影:
  Norbert Banaszyk

软装点评：动物皮毛是家居装饰中常用的一种素材，但是，随着人们对环保的重视程度的大幅提升，作为设计师还是有社会责任减少对动物皮毛的运用。

公司设计团队包括2004年加入的生态建筑设计师Milena Cvijanovich以生态奢华为设计理念。木屋的设计是以壮丽原生态的瑞士、法国阿尔卑斯山景色为设计灵感。这栋豪华木屋坐落在滑雪道边的一个面积3000m^{2}花园里，共有700m^{2}居住面积。生态联手奢华——木屋的建造包含很多创新技术，其中包括地热和中央加湿系统，温控百叶窗和数字音响。

瑞士风格设计在软装饰的配置上注重一种粗犷原始氛围的营造。文化石、红砖、真皮毛毯、原木和原石，配合着宽敞的采光良好的建筑空间，表达了对传统生活的热爱。除了在设计上尊重古典的同时，还注入一些简约元素，用于缓和过于复杂厚重的古典元素在心理上形成的压抑感。

真正的奢华是高超的技艺，高贵的材料和社会文化，并将好材料用传统手法运用到木屋中。设计师加入个人对奢华的理解并唤起现代时尚感。优雅大气的楼梯由当地石材铺成，直到正门，手工松木地板，镶板衣柜用现代手法运用老建筑材料。

瑞士风格搭配要点：

①追求阿尔卑斯山脉自然符号，力求清新。
②木材占有很重要的地位。瑞士风格的居室中使用的木材，都使用的是未经精细加工的原木。这种木材最大限度地保留了木材的原始色彩和质感，有很独特的装饰效果。
③为了防止过重的积雪压塌房顶，北欧的建筑都以尖顶、坡顶为主，室内可见原木制成的梁、檩、椽等建筑构件。这种装饰手段，经常被用来遮掩空间中的过梁。

Barra&Barra Office

B&B办公室

琴塔落. 意大利

- 室内设计:
  Damilanostudio Architects
- 摄影:
  Andrea Martiradonna
- 客户:
  Barra & Barra srl

软装点评：本案在办公室设有小型的绿植平台，配置照明设备，使得整个绿植区呈现出天井的效果，在封闭的空间内构筑了一个开放的内部庭院。软装设计中庭院也是要设计师精心思考的一个重要位置。

本案体现了该公司的核心精神，即在公司的建设和管理中关注生态节能和新技术。这样做的结果是办公空间虽然处在一个工业建筑中，但却给人一种贴近自然的感觉。室内植被的种植将办公空间打造成了一个年轻且充满活力的空间，使工作人员沉浸其中。在这里，行政办公室、销售办事处、技术办公室、休闲区、报告厅和展示厅都披上了一件绿衫。

绿色植物对于环境和居住者心情的影响是毋庸置疑的，而本案中绿色植物和木色造型融为一体，借鉴了景观装置的装饰手法，使办公空间本身成为开放式的花园。更添生动。

Plan

在材料的选用上，铬和透明的墙壁扩大了人们的视线范围，看到的是绿色草坪而不是原有的墙壁封闭空间。由于建筑内部存在一层绝缘层而导致了外部无法正常工作。通过先进的家庭自动化系统将平板电脑和智能手机连接到Web服务器，达到完全的远程管理从而实现能源的优化使用。

室内观叶植物枝叶有滞留尘埃、吸收生活废气、释放和补充对人体有益的氧气、减轻噪音等作用。同时，现代建筑装饰多采用各种对人们有害的涂料，而室内观叶植物具有较强的吸收和吸附这种有害物质的能力，可减轻人为造成的环境污染。

将原本印象里单调、呆板的行政办公空间设计得如同花房一般，体现了居住者非凡的设计智慧，在体现休闲放松的前提下，又能将空间营造得错落有致、条理分明，符合办公空间的使用要求，本案在这方面可谓成功。

BOX OFFICE
TECHNICAL AREA

■ Coastlands House

■ 滨海住宅

■ 大瑟尔. 美国

■ **室内设计:**

Carver + Schicketanz Architects,
Principal Designer Mary Ann Gabriele Schicketanz

■ **摄影:**

Robert Canfield and Claudio Santini

软装点评：客厅、餐厅、起居室均保留了大面落地窗，让先天地理环境的优势能够得以发扬，透过家具软性材质的搭配、趣味的家饰、空间的比例、灯光配置、色调调配等完美运用，不仅保留了空间原汁原味的风貌，更加进了个人品味，诠释出无懈可击的百分百家居。

该项目地点可观看到太平洋和大苏尔的全景，但却被一个现存的家庭和一些不合乎规格的建筑物所占据着。该住宅需要被一个全新的、高效节能的且能与当地世界一流的自然环境相结合的新建筑所替代。设计师想要建立一个可分离的房子，既能为过夜的客人提供休息的地方，同时又能保护业主的隐私。配备了多种健身设施的spa为人们练瑜伽和冥想提供了合适的空间。

[文化石并不是一种单独的石材，本身也不附带什么文化含义，它表达的是达到一定装饰效果的加工和制作方式。文化石吸引人的特点是色泽纹路能保持自然原始的粗犷风貌，加上色泽调配变化，能将石材质感的内涵与艺术性展现无遗，符合人们崇尚自然，回归自然的文化理念，人们便统称这类石材为“文化石”。用这种石材装饰的墙面、制作的壁景等，确实能透出一种文化韵味和自然气息。]

该项目的设计方案包括将一些设施（如水疗区）放置在地下以此来获得更多的庭院空间，并且将可持续的生态元素运用到了设计的方方面面之中。

设计师在该建筑使用了暖色调天然建筑材料，与明亮的蓝色和绿色自然景观巧妙地结合到了一起。室内的大部分地毯和家具都是由建筑师亲自设计的。

面向庭院的大型玻璃拉门促进了室内外的通风，而且使室内与室外实现了无缝连接。

连续的通风系统，低挥发性涂料和表面材料以及所有天然材料的使用，确保了室内的安全无毒，并且有助于客户的身体健康。

Dani Rdige House

丹尼山脊住宅

大瑟尔. 美国

- **室内设计:**
  Carver + Schicketanz Architects,
  Principal Designer Mary Ann Gabriele Schicketanz
- **摄影:**
  Robert Canfield Photography

软装点评：本案中室内砖墙、真皮沙发、玻璃茶几、木梁和木天花，让住户以舒适而自由的姿态享受生活的乐趣，同时又提醒你这是一座在平静中搅出波澜的现代住宅。软装设计师在某些项目上要善于就地取材，利用身边的可用资源，就像本案中客厅的那盆花艺，好像就是就地采来的。

该项目所处地区面积非常大，但是可用来建造房屋的却只有其通路边上的一条狭窄的土地。该房屋的设计意图是在最大限度保护其周边自然景观的同时又不阻挡其坡上邻居的视线。为了实现这一目标，设计师将一块长满牧草的隔板切割成狭窄的薄片置于房屋一侧的通路和房屋另一侧的西海岸陡峭的斜坡之间。此外，为了保护房屋周边的自然景观，所有的公共设备都被放置在了地下。

本案是典型的生态一体化的建筑，这种建筑本身就追求一种与土地合二为一的境界或形式，强调人类生活与自然环境的交流和融合，利用技术手段达到不改变自然风貌的初衷。

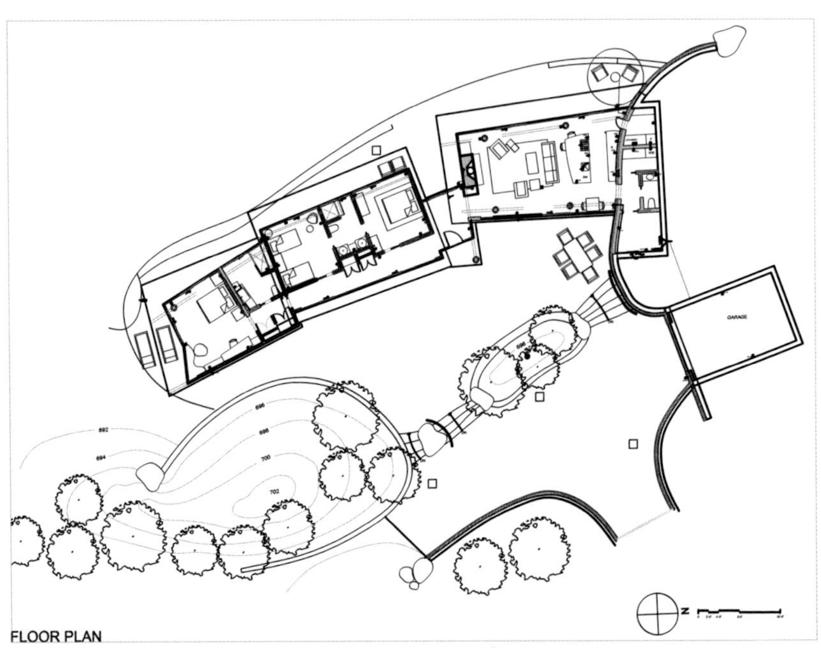

FLOOR PLAN

该设计的目标是为客户打造一个完美的休息寓所。

房屋内包括三间卧室、两间浴室、一个舒适的客厅以及综合/开放式厨房，这些部分的建造都充分利用了房屋周围的美景。设计师们选择了一些天然材料来装修房屋的内部，以此来突出该房屋与自然景观之间的紧密联系。

贯穿整个房屋内部的地面都是利用随意拼凑的石灰岩砌成的，而房屋的内外墙壁则是1’ x 8’的叠加的雪松板搭建的。客厅里的天花板的结构是4’ x 8’和 4’ x 6’的道格拉斯冷杉组成的。壁炉的覆盖物是用回收的谷仓木搭配刷过漆的不锈钢材料建成的。厨房内的岩石墙壁采用的是Vogelman褐色砂石。

Farma Kreaton Restaurant

农场饭馆

科莫蒂尼. 希腊

- **室内设计:**
  Minas Kosmidis (Architecture in Concept)
- **摄影:**
  Studiovd, N.vavdinoudis – Ch.dimitriou
- **客户:**
  Farma Kreaton Restaurant

软装点评：很多商业空间会放置一些能表达某种含义的雕塑或装置，像本案中直接用一些装饰元素还原了农场生活场景，在装饰物的细节选择上就要注意材质的质感搭配，除了考虑视觉性外，还要考虑存放时间，会不会容易变形或发霉等其他元素。

该餐厅位于希腊科莫蒂尼市中心的一座二层建筑物的后院。设计师对空间进行了延伸。该项目的主要目标是创造一个能令人联想到真实农场生活的情景设计。

室内装饰中原木家具的优点所在：

①天然、环保、健康，透露自然与原始之美。
②材质种类丰富，可选择性强。种类主要有桃木、胡桃楸木、榉木、柚木、枫木、橡木、柞木、水曲柳、榆木、杨木、松木等。
③使用寿命长。板式家具的使用寿命一般3到5年。实木家具的使用寿命是板式家具的5倍以上。

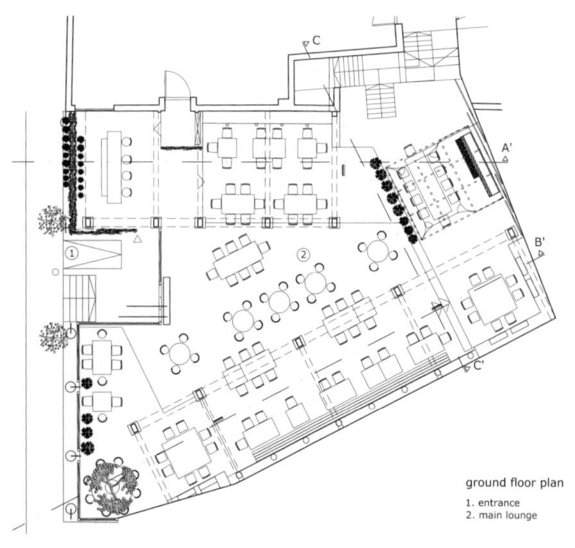

ground floor plan

1. entrance
2. main lounge

在餐厅内这个特殊的农场，童话般的数字印品代表虚构的农场，与宾客所营造的真实情景共存。农场具有以下元素：家养动物、原始形式的材料、亲近舒适的感觉，带有明显的生态乡村的特征。

原木家具的缺点：

①原木家具的缺点也是由于它使用了天然木材，因此家具的价格一般较高。
②原木家具的木材材质多数较软且不能阳光曝晒，在保养上也需更多精力。
③生产过程中，大多数原木家具的组装使用的都是榫卯结构和胶粘剂，家具成品不能拆卸，搬运过程中要特别注意。

Hudson Valley Country House

哈得孙河谷乡居

纽约. 美国

- 室内设计:
  Fractal Construction LLC
- 摄影:
  Eric Laignel Photography, Jacob Sadrak Photography
- 客户:
  Fractal Construction's own principal, Ulises Liceaga and wife Christina Isaly Liceaga, along with their five children (all under eight years old)

软装点评：本案中客厅的吊灯是软装设计中的一大亮点，这种虚无缥缈的视觉感，让人浮想联翩，软装设计师可发挥的空间非常之大，不仅是灯饰设计、其他如家私、床品、花艺、窗帘等都可以按照客户的需求量身定制。

这栋周末度假别墅位于纽约北部，它既不是那种潮湿的农舍，也不是那种吱吱作响的盐盒式建筑。该建筑刚刚建成并且像一个装满了零部件的工具箱一样被打包带到了这个岩石林立、树木丛生的地方，而后组装在一起，在外面包上一层软木材板，以便将现代与乡村风格相融合。

严格上讲，乡村别墅不算是一种风格，而是一种生活方式的具体化和物质化。指导乡村别墅装饰的是一种有着拓荒者精神的审美哲学，用质朴的装饰元素和简单的视觉习惯去打造一个享乐功能为原则的室内空间。如在家具的造型上，不追求大小规格的约束。在配色上，以古朴的中性色和自然原色为主。在布料、沙发的质感上，强调舒适度。

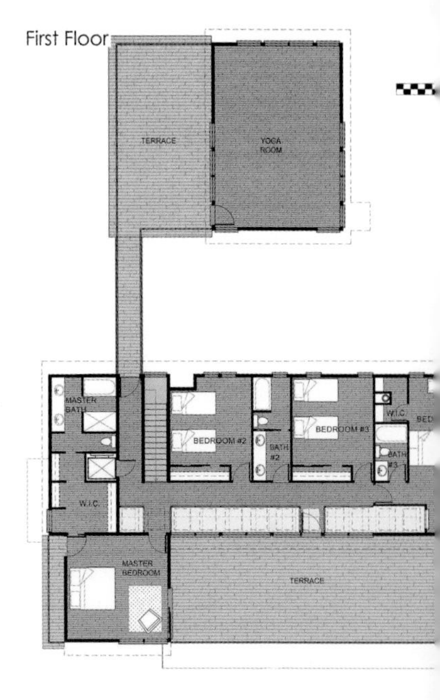
First Floor
TERRACE
YOGA ROOM
MASTER BATH
BEDROOM #2
BATH #2
BEDROOM #3
W.I.C.
BATH #3
W.I.C.
MASTER BEDROOM
TERRACE

该项目由附带一个车库的两大部分组成并由一座雕塑桥将其连接起来，房屋共有三层来容纳这个热闹的大家庭。地下室有艺术工作室和儿童游戏室以及杂物间。一楼以开放式空间为主，包括厨房、用餐区、休息区和办公室。墙上的折叠门面向室内泳池，在泳池能看到外面的森林景观，这样的综合空间冬夏都十分舒适。

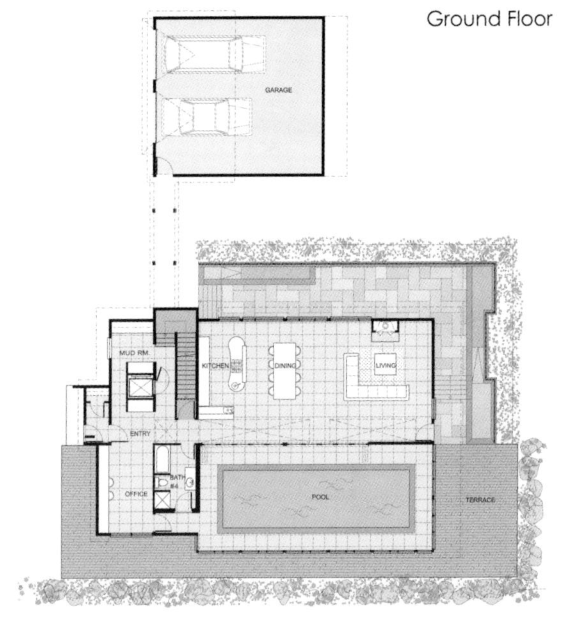

Ground Floor

宽敞明亮是本案的最大特色，也是现代乡村别墅设计不可缺少的亮点。本案在乡村风格的出发点上融合了简约的表现手法，意在表达居住者更钟情于窗外的自然风光，而不是传统意义上重视室内软装饰的传统的美式乡村风格房屋。

■ Recovery Project for a Rural Building in Salento Countryside

■ 萨兰托村居

■ 莱切. 意大利

■ 室内设计:
Luca Zanaroli Architect

■ 摄影:
Luca Zanaroli, Max Zambelli

软装点评：温柔舒适的寝具和生硬冷淡的房间产生强烈的对比效果，休息的感觉一定很好；极简的现代家具和灯具，搭配苍凉质感空间色彩，没什么比这种组合更能体现岩洞风格的特色了。

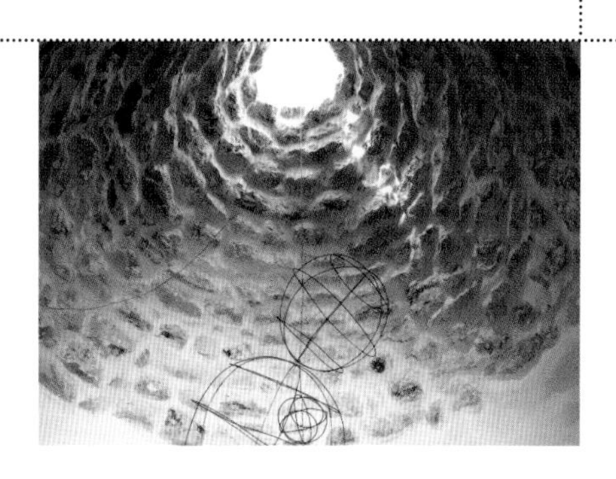

本案设计目的在于突出建筑的历史和代表性的特色，彰显传统和当地的生活方式，以现代的方式重新整理和诠释不同的元素。当地材料和传统施工技术的使用打造自给自足的建筑，可再生资源的可持续利用为本案节省能源。周围的自然环境是建筑物不可分割的一部分。光线和空气构成空间元素，建筑环境和自然环境成为单一的建筑空间的组成部分。

石灰岩建筑材料的特性优点：

①石灰岩具有良好的加工性、不透气性、隔音性和很好的胶结性能、可深加工应用，是优异的建筑装饰材料。
②石灰岩产地广泛，色泽纹理颇丰，有灰、灰白、灰黑、黄、浅红、褐红等色，有良好的装饰性。
③石灰岩的质地细密，加工适应性高，硬度不高，有良好的雕刻性能，但由于石灰岩易溶蚀，不适于户外的雕刻。

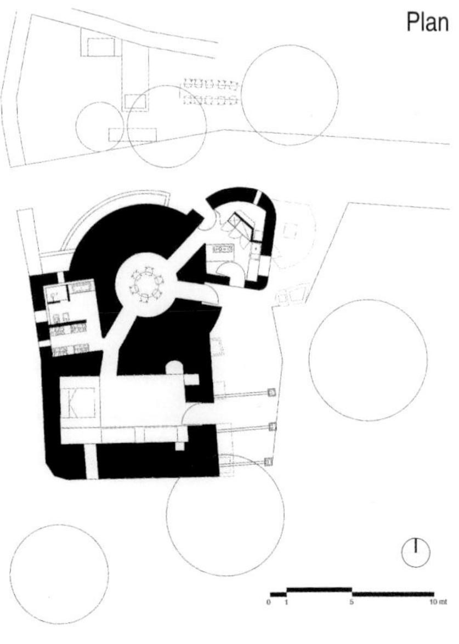
Plan
0 1 5 10 mt

巨大的建筑外部完全由干石墙建成，在夏季和冬季调节内部温度。根据当地盛行风而设置的数个小开口，除了照亮室内房间，也提供了有效和持续的自然通风。室内表面及地面由砂浆灰泥和由石灰岩、石灰华灰泥建成，将不同的空间连接起来，温暖地反射自然光线。岩石中挖成的人工河流收集的雨水用于家庭使用和灌溉农田。

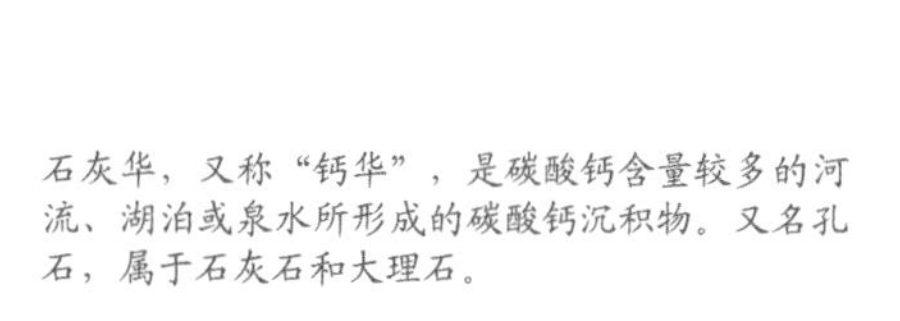

石灰华，又称“钙华”，是碳酸钙含量较多的河流、湖泊或泉水所形成的碳酸钙沉积物。又名孔石，属于石灰石和大理石。

■ Coach House

■ 马车屋

■ 哈特菲尔德. 英国

■ 室内设计:
SHH

■ 摄影:
Alastair Lever

■ 客户:
Levy Restaurant

软装点评：透过原木的装置和家具，串连空间并相互对话，延续新的生命力，带出餐厅自己的故事，摆设的适时置入就像是一个一个的角色扮演，让设计充满丰富的样貌。

SHH与Levy餐厅内部的“创新小组”在“马车屋”的设计上亲密合作。餐厅设计的指导方针是即凸显本身19世纪的陈设，同时兼具现代时尚感。达到设计目标的关键是挑选符合建筑的材料，用全手工的方法运用到简单的形式中。

室内选择黑色的设计原则：

①黑色有着纯净的象征，但用做家具上要注重造型的轻便。
②室内的其他颜色要注意与之风格相匹配。
③室内设计中要保证有多种效果方式带来的光照，并使其通风，带来明亮的感觉。

Toilets ↑
Food
Seating Upstairs ↑

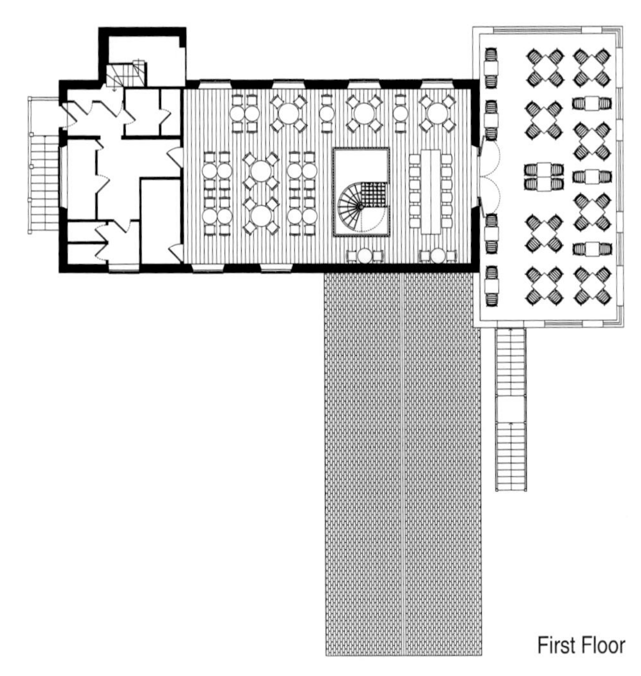
First Floor

餐馆在原有基础上进行了扩大，比原有茶室扩充了70%的面积。厨房、食品服务台沿L形地面布局，与室外通过一个玻璃外延连接。玻璃外延作为整体建筑一部分。新增加的螺旋梯为一楼新增座位提供空间，而且螺旋梯正对屋顶平台，可以看到房子正南的景色。

本案特别注重用各种方式化解掉黑色造型或构件带来的视觉上的沉重感，如用相对视觉感觉轻巧的原木色的家具、多角度多种类的灯光照射，以及空间上的大面积留白等。黑色是大自然的色彩，它没有浮躁的因子，能抚平人们心中的焦虑，并带给人以重新出发的勇气。

THE DELI
Childrens
Packed Lunch
5 items -
£5.50

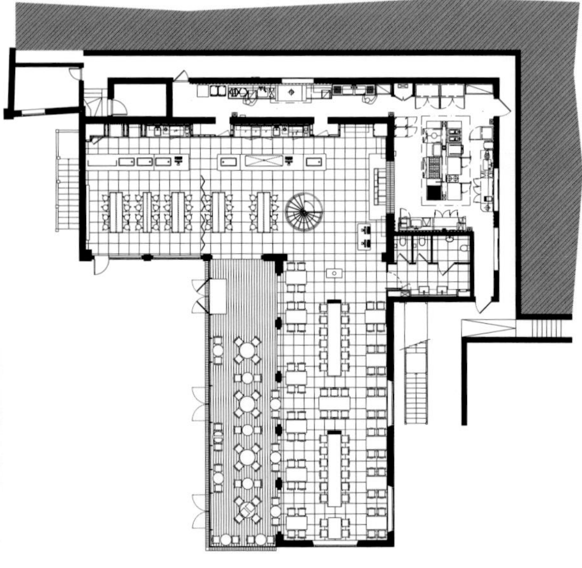

ERBS

■ The Olive Exclusive All-Suite Hotel

■ 橄榄树高级酒店

■ 温特和克. 纳米比亚

■ 室内设计:
Micky Hoyle

■ 摄影:
Micky Hoyle

■ 客户:
Big Sky Lodges

软装点评：空间与物件的比例拿捏是一门高深的学问，为了让空间看起来更加具有质感，设计师将经得起时间历练的有价家具视为另一种艺术的呈现，根据使用区域的不同特性都有各种经典穿插其中，看见更多简约触感、文艺气息弥漫于空中，每一个转折都是美学与设计的痕迹。希望国内的业主和设计师们也能尽快在中国打造一些这种精美的主题酒店。

这个精美的精品酒店坐落于温特和克一个安静的角落。它舒适却不乏别致的魅力。橄榄树酒店——纳米比亚首都第一间极致奢华的酒店——不乏现代、时尚之感，彰显温暖、质朴的非洲气息。它雅致现代的线条与有机之感相呼应，布置自然的家具，以生态环保的方式为宾客提供一流的个人服务。简单的典雅是关键，从有机的质朴原木长椅以及旁桌，及宾客休息区经过雕刻的花岗岩咖啡桌，到装饰着抽象的纳米比亚景观的景观墙，无一不流露着这一理念。

室内空间中想体现非洲风情，材质原始的质朴感是表达的要点，尤其是以未经雕琢的木材、手工编织的布料为代表的非洲民俗饰品，造型夸张简洁、颜色艳丽是非洲艺术品的特色。运用到非洲风格的室内时要注意与室内其他家具体量、材质、视觉习惯的配合，注重发挥造型上的重量感和稳定感。

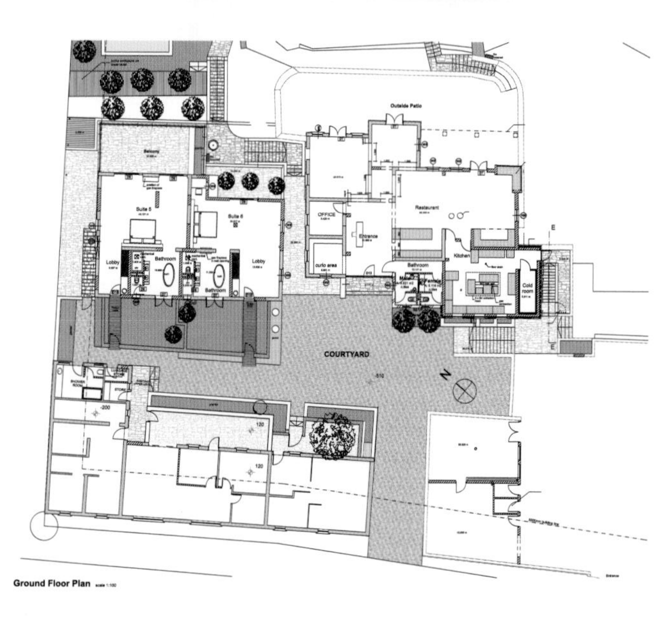

Ground Floor Plan

七间客房分别进行装饰设计，每一间都呈现了纳米比亚不同地区的特色，每间也都有设有壁炉的客厅及可提供私人晚餐的餐厅。宽敞的玻璃门面对户外宽敞的露台甲板开放着，宾客可以在充满树荫的躺椅上休憩、享受午餐。如果是高级客房，宾客还可以在私人泳池中悠然浸泡。

非洲的软装饰品大体可以分为三类：第一类是古董，多是在宗教仪式上使用的器具，具有很高的收藏价值。第二类是艺术品，包括木雕、石雕、绘画，布艺等品种。形式上更现代一些。而最后一类就是非洲工艺品，题材有非洲的野生动物，如长颈鹿、犀牛还有栩栩如生的人物肖像。

本案中出现的一切元素只服务一种格调，那就是旨在营造非洲风格的氛围，无论是风干的木材、龟裂的土地还是大象题材摄影艺术品，通过配饰就能将千篇一律的建筑空间变得各具特色，软装艺术的功力可见一斑。

Weya nawa ponganda yetu...

MERLIN Restaurant

灰鹰餐厅

里加.拉脱维亚

- 建筑设计:
  Zane Tetere
- 室内设计:
  Open Architecture and Design, Elina Tetere, Zane Tetere
- 摄影:
  Krists Spruksts
- 客户:
  MERLIN Restaurant

软装点评：在餐厅里装吊床，可见对餐厅的理解不仅仅是一个就餐空间，而是舒适度极高的一种生活方式的体现，设计师的大胆思路可否为国内的设计师起到借鉴作用呢？

啤酒餐厅位于老市场和港口仓库旧楼内。它由3层构成——第一层功能就像是啤酒吧，有很大的酒吧和开放式的厨房，在那里你可以看到厨师在烧烤食物。在二楼有很大的舒适的餐厅区，酒窖层有卫生间和雪茄室，可见楼梯下的啤酒。

藤材饰品富含自然风韵，可以营造出返璞归真的休闲效果，室内空间中运用藤制家具或藤制饰品的主要搭配方式除了掌握自然、放松、休闲的原则外，还把握色彩倾向和搭配。当空间主色调为深色时，选购的藤制品可倾向咖啡色或深褐色。浅色的家居空间则可选用浅色或其他颜色的藤制物，搭配颜色较花哨、明亮的坐垫或布艺饰品。

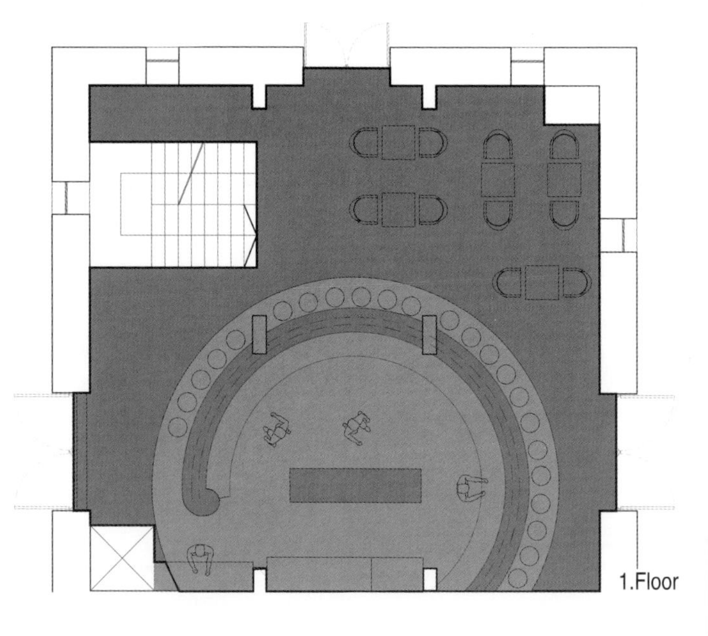
1.Floor

餐厅墙壁以破旧的风格呈现原有的历史感。在内部空间，木材被广泛应用，横梁及立柱——这些历史建筑的细节保留原有特色。空间内布置着藤椅，为宾客营造轻松、惬意的氛围。绿色植物净化空气，为来到这里的人们营造了绿色的环境。

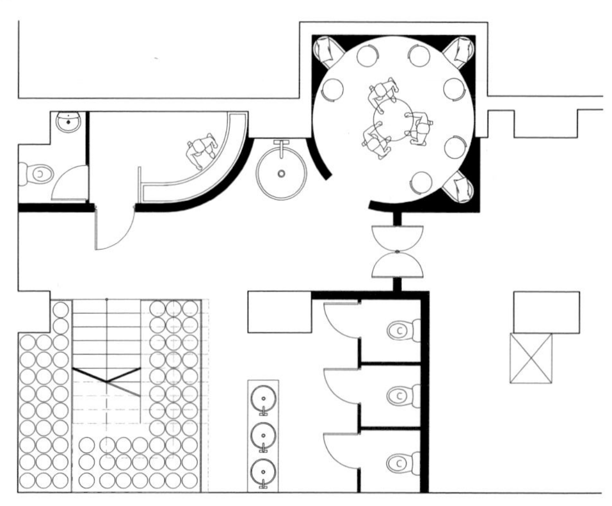

Ground Floor

藤刚中带柔、柔中见刚、经久耐用、冬暖夏凉、不霉不蛀、耐酸抗蚀、防水透气、不裂不变形，特别在炎炎夏日更彰显清凉，具有祛汗与身体亲和、吸湿吸热等独有的优势。在传统和现代家具中始终占有一席之地。藤制家具工艺性强、实用、环保、无毒害、自然。适应现代人士对家具的要求。

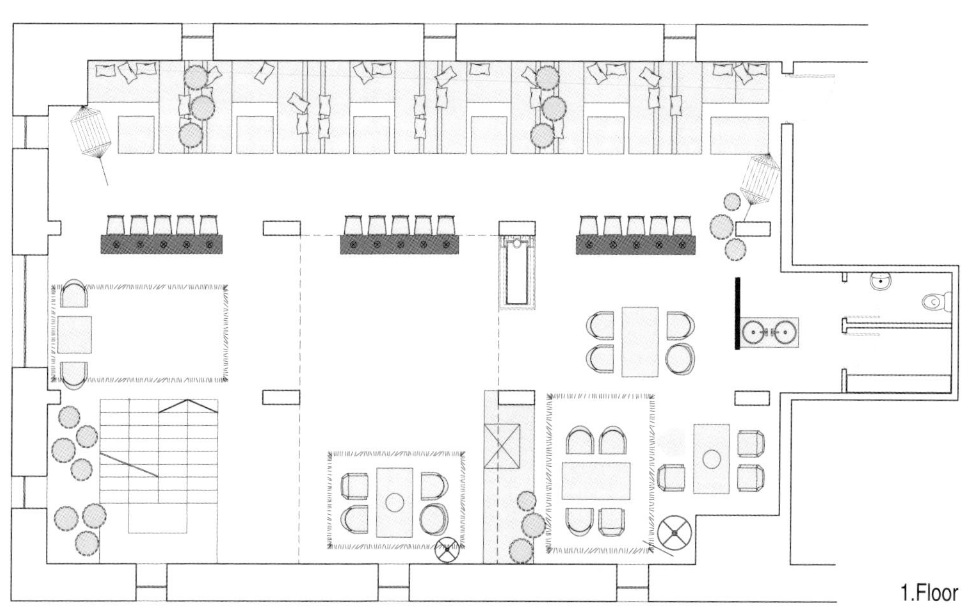

1.Floor

■ Inspired Office
■ 灵感办公室
■ 里加.拉脱维亚

- **建筑设计:**
  Zane Tetere
- **室内设计:**
  Open Architecture and Design, Elina Tetere, Zane Tetere
- **摄影:**
  Krists Spruksts
- **客户:**
  SIA McCann Erickson-Riga and Inspired

软装点评：该办公室全面的考虑了生态问题，通过使用环保和可回收材料制作而成的各种家具和配饰，完备了办公的机能，再透过简单不做作的光影来影射木质的安定与温暖，让空间美感升华。

本案的外涂材料及家具设计都选用简单的材料——木板、MDF漆，灰色的三门地板墙壁。内部创建了局部回收风格。灯是由高径石膏板管构成，之前被用作面料及纺织品的卷轴。该项目是一个低预算的项目——设计师选用简单的材料，在室内设计项目中开发了“垃圾式风格”。

循环可再生的设计，如很多家居产品被淘汰后，有些零部件功能仍可直接回收利用。而有些零部件经回收加工可作为其他家具的部件，如桌腿、椅腿、实木拼板和细木工板家具的部分板件等，通常损坏情况并不严重，回收后经打磨、砂光、重新涂装或再次贴面，即成为新的部件。而一些家具使用后的功能状态变化很大，已无法再用，需要采用适当的工艺和方法进行处理回收。回收后可用作中密度纤维板和刨花板的原料，也可以将废弃旧木料压碎成木纤维，烘干后加工制成高效燃料和肥料，作为能源和供林木再生之用。

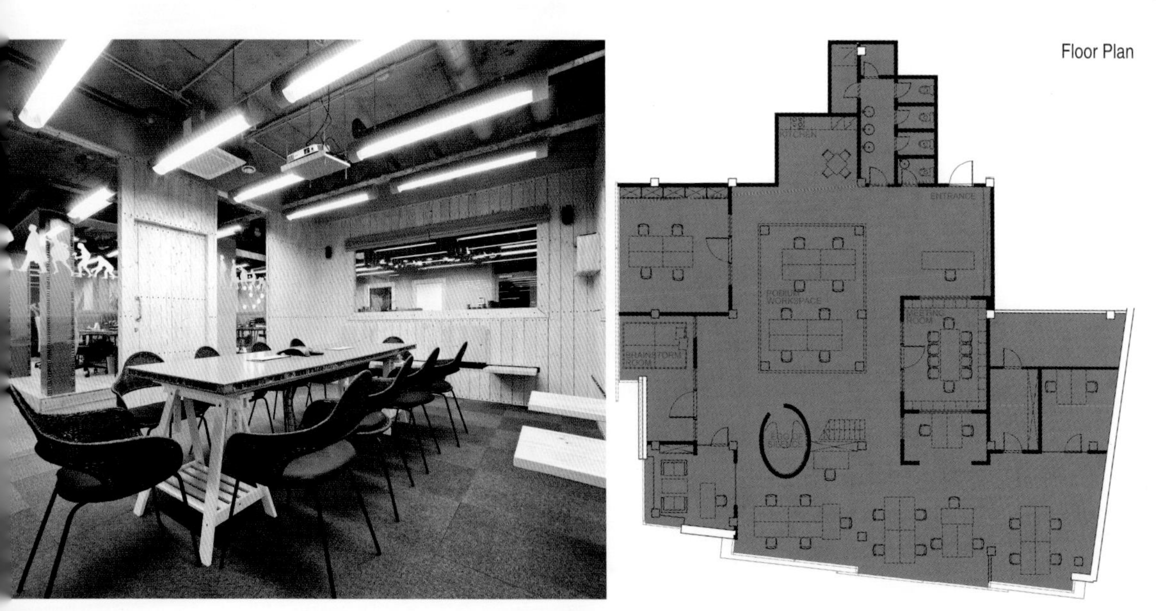

Floor Plan

钢管布置在天花板上，营造了工业风格。半开放式的大球由废纸包裹，这一造型设计成为空间内独特的设计，为员工及访客提供休息空间。办公区由木框架结构构成。高大的立柱由电路板制成。

采用生态环保型、低耗能、可再生生态环保型装修材料，在生产和使用过程中对人体及周围环境都不产生危害，而且从原室内设计更新出的旧材料又比较容易自然降解及转换，并且可以作为再生资源加以利用，生产新产品。这是所有建筑材料的发展方向。

Green Village

绿色乡村

巴厘岛. 印度尼西亚

- **室内设计:**
  Ibuku, Elora Hardy
- **摄影:**
  Rio Helmi

软装点评：在设计层次丰富的竹楼内，摆放少量的极简家具，似乎让人可以嗅到穿窗而来的幽幽清香，白色的床品令卧室浪漫至极。完全是一个竹文化生活体验馆。环保理念在软装设计中是个永恒的话题，现在除了建筑材料有环保的，就算插花都有用废旧材料来插的，所以，设计无极限，环保无极限！

“绿色村庄”是一个综合住宅项目。坐落于这里的14座竹楼共占地2公顷。每个居住单位都是按照业主的要求与喜好量身设计。“绿色村庄”是世界上首个单元住房由95%可再生竹质材料建成的综合住宅，在这里艺术与建筑学完美的结合。

竹材资源是一个可持续利用的资源，竹材本身具有生长快、再生能力强，生产周期短的特点. 作为一种建筑室内装饰材料，竹材具有强度高、硬度大、韧性好等优良性能。

在设计竹楼时最重要的一点就是要注意每根竹子的独特性，每一根竹子的弧度及粗细都各不相同。

绿色村庄的设计理念是将这些房屋打造成用可再生材料建造，高效节能可以与自然环境相协调的建筑群。目的是让这些房屋突破世界上住宅楼建造的教条性定义。

竹材强度和密度都高于一般木材，可用较小厚度的竹材产品替代较大厚度的木材产品，以取得经济上的优势。竹材纹理通直，质感爽滑，色泽简洁，但在整体造型上可更为轻巧，简洁，明快。

A-cero Architects

Add: Parque Empresarial La Finca, Paseo Club Deportivo nº 1 Bloque 6 A, 28223 Pozuelo de Alarcón (Madrid), Spain
Tel: +34 917 997 984; Fax: +34 917 997 985
Web: www.a-cero.com

Joaquin Torres was born in Barcelona. He studies in the University of Corunna. Shortly after finishing the degree in the year 1996, he starts up in the Galician capital an architecture studio together with others classmate, to which they put the name of A-cero. And from his beginning there is established a philosophy of conception of modern architecture inspired by the world of the art, especially of the sculpture, and of big architects and designers of contemporary style in addition to their own vital experiences. Soon they achieve a style - hallmark of very faithful and consistent identity along his professional trajectory.

This persistence in a way of creating singular architecture (for many people risked) that take shape already from his first works even in interior design, are granting him to true A-cero name and reference, they being finalists in the awards FAD in two occasions. In the last years, the work is inten sified and is boosted the interior design department and landscaping also. Quickly, starts a process of internationalization of A-cero, at present way is opened with new projects in countries like Vietnam, India, Russia and so on.

Altius Architecture Inc.

Add: 109 Atlantic Avenue Suite 201 Toronto, Ontario M6K 1X4, Canada
Tel: (416)516 – 7772; Fax: (416)516 – 7774
Web: www.altius.net

The three founding partners of this young firm met while still attending architectural school in the 90's. In 1998, Altius Design Studio was launched. A young, idealistic firm created from a collective vision for an architectural practice, which strives to reestablish the tradition of the architect as the central figure in the process of building, the idea of the Master Builder. Altius believes that, without this level of involvement, it would be an insurmountable challenge to create buildings that are sustainable, livable, contextual, economical and beautiful.

Today, Altius Architecture Inc. is a Toronto based multidisciplinary design firm, licensed by the Ontario Association of Architects, with a focus on the broader residential market. Clean contemporary design, emphasizing craftsmanship and materiality, has resulted in a number of award winning and critically acclaimed projects. Altius' custom residential and cottage projects are known for their sensitivity to site, thoughtful interiors and innovative sustainable design. Altius creates great architecture because they understand their clients and are responsive to what is most important to them.

Alts Design Office

Add: 1347-186, Minakuchi-cho Yama, Koka-shi, Shiga, 528-0067, Japan
Tel: 81 748 63 1025; Fax: 81 748 63 1035
Web: alts-design.com

Architects Sumiou Mizumoto and Yoshitaka Kuga established Alts Design Office in 2012.

Born in Koka-shi, Shiga in 1977, Sumiou Mizumoto worked at Architect office from 1998. Yoshitaka Kuga was born in Koka-shi, Shiga in 1982. He graduated from Department of Architecture in the Faculty of Engineering at the University of Kansai in 2006 and worked at Architect office from 2007.

AnLstudio

Add: 320 DMC Hi-tech Industry Center, Sangam-dong, Mapo-gu, Seoul, Korea
Fax: 0505 115 9778
Web: www.anlstudio.com

Experimentation and Innovation - Experimentation is an essential element in understanding both the opportunities and responsibilities inherent in evolving design field in contemporary condition. AnLstudio is always seeking emerging technologies, cutting-edge materials, academic theories about new design paradigm for its projects as well as innovative approaches to issues concerning sustainability and the environment.

Cultural Trend and Future - Both the careful consideration of a client's needs and analysis of cultural tradition, trend, social dimensions with a global perspective are the key part of the methodologies of AnLstudio. Basically, AnLstudio's primary goal is to break the tendency of simplification of architectural language from the past and move beyond categorical approaching and the stratification of architecture system toward a more integrated and complex future.

Collaboration - AnLstudio was established with the notion of multidisciplinary collaboration in partnership both with its collaborating team of experts as well as the client and its organization. AnLstudio always believe that collaboration is the most important keys that produce creative solutions that supports both the process and result.

AR Design Studio Ltd.

Add: 2 Lawrence House The Walk, Crowder Terrace, Winchester, S022 4 PD, UK
Tel: +44(0)1962 864641
Web: www.ardesignstudio.co.uk

Andy Ramus is a 40 year old architect, born in London and trained at Plymouth School of architecture under mentor Professor Adrian Gale. In 2000 he completed his education at the AA. In 2001, after 5 years working in London, he established his own practice and is now based in Hampshire.

AR Design Studio is a young, highly motivated, contemporary architectural practice dedicated and passionate about delivering elegant and functional solutions to the field of modern living. Initially designing small bespoke extensions and furniture, the practice has steadily extended its portfolio to include several one-off houses and a range of luxury commercial refurbishment and new build schemes. They love working with glass and they have developed innovative structural glazing systems.

These have been used to create high-quality water front homes and sophisticated solutions for modern day living, such as the Lighthouse 65, winner of the prestigious RIBA Downland Award 2012, and the Boathouse which recently won the Daily Telegraph Small House of the Year Award. Their elegant and contemporary designs are held in high regard within the Architectural industry; AR Design Studio were shortlisted for the RIBA Downland Award again in 2010, while Andy Ramus has been shortlisted for the Young Architect of the Year 2011. AR Design Studio are also catching the eye of the national media and have been featured recently in the Mail on Sunday, Sunday Times and Hello and Grand Design Magazines, as well as overseas publications.

Carver + Schicketanz Architects Studio Schicketanz

Add: 3659 The Barnyard Suite D-311 Carmel, California 93921, USA
Tel: (831) 624-2304 x11; Fax: (831) 624-0364
Web: www.carverschicketanz.com

Carver + Schicketanz is a full service architecture firm providing a wide range of architectural and interior design services to the greater Monterey Peninsula, Hawaii, Texas and Colorado. They specialize in custom building design, LEEDcertified sustainable architecture and residential and commercial interior design.

Austrian native Mary Ann Gabriele Schicketanz holds a masters degree in architectural engineering from the University of Stuttgart, Germany and has been practicing architecture in the US since 1987. First in partnership with Robert Carver and now serving as principal of Studio Schicketanz, she leads a team of 12 talented architects and designers. Mary Ann was most recently honored by her home state of Upper Austria with the exhibition "The Projects" as part of the opening of the town's new Cultural Headquarters.

Cary Bernstein Architect

Add: 2325 Third St. Studio 341 San Francisco CA 94107, USA
Tel: 415 522 1907; Fax: 415 522 1917
Web: www.cbstudio.com

The office of Cary Bernstein Architect is committed to progressive design resulting from thoughtful planning, strong attention to detail and the highest construction standards. Each project is developed in response to the unique combination of client, site and budget without the imposition of a preconceived style or solution. In addition to the promotion of architectural excellence, the office also offers exceptional service to their clients through all phases of design and construction.

The principal of the firm is Cary Bernstein, she graduated from Dartmouth College in 1984 with a B.A. in Philosophy and Russian Literature. She received an M.Arch. from the Yale School of Architecture in 1988.

Cary practiced in New York for 6 years prior to opening her San Francisco office in 1995. Work includes residential, commercial, arts related and health care commissions in California, New York, Moscow, Russia and Taipei, Taiwan. The firm's projects have won numerous design awards and have appeared in local, national and international exhibitions and publications. In addition to a commitment to modern design, the practice maintains the highest standards of professional integrity at all project phases.

Chalupko Design studio

Add: 178a, Czerniakowska Street, Apartment Number 19 00-443 Warsaw, Poland
Tel: +48 601 29 90 80
Web: www.chalupkodesign.pl

Chalupko Design studio creates the interior design for modern and classic spaces. Each project is unique and based on the fusion of sophisticated style and clients' needs and sensitivity. High quality materials, accessories, exquisite fabrics and wallpapers complete the total impression. Elegance, quality, passion are the main values on which CHD creates its own unique style.

Damilanostudio Architects

Add: Via della Magnina n 5, 12100 Cuneo (CN), Italy
Tel: +39 0171 412584
Web: www.damilanostudio.com

Duilio Damilano, graduated at Polytechnic of Turin in 1988, founded his architectural firm in 1990. He was born in Cuneo from a family of sculptors and he was interested in architecture since he was a child developing interest in plastic and material aspects of objects.

The work of the practice, according to critic Brunetto De Battè, breaks immediately the connection with the masters of Piedmont area standing out and develops two lines of architectural composition that almost negate each other. On one side the clarity and purity of signs in stately homes and on the other side the experiment forms of its commercial and industrial buildings. These are two opposite lines of research, sometimes strident each other, that seem not to destabilize the architect and who live and feed off each bringing out three interpretations of the works suggested by the architect Luigi Prestinenza Puglisi, one of the most important Italian architecture critics: the symbolic, the sculptural and the emotional. Major areas of interest of Damilanostudio architects are the design of residential, offices, commercial, and graphic both in Italy and abroad.

Elton+Léniz Arquitectos Asociados

Add: Hernan Prieto Vial 1738, Vitacura, Santiago, Chile
Tel: +56 2 7897513
Web: www.eltonleniz.cl

Since 1993, Elton+Léniz Arquitectos has developed a long list of Works in an independent way, with a different kind of associated artist, architects and designers.

Among their works, Elton+Léniz has developed different projects like objects and furnitures, expositions, commercial spaces, interiorism, detached and collective houses, offices, urban landscaping, educational buildings and more. The company was founded by Mirene Elton and Mauricio Leniz. In 1996, Mirene Elton began to study architecture in Pontificia Universidad Catolica de Chile. And in 2001 he studied Built Enviroment in London University. Another founder of this company is Mauricio Leniz, he began to study architecture in Pontificia Universidad Catolica de Chile in 1987.

After they bulit the company, they finished a lot of works. Including Pirihueico House (1996), Mima Chair (1996), Long Chair (1999), Social Houses (2004), Sincubierta Table (2005) and Concepcion House (2007). In 2008, they were awarded as "Emergent Office" for the Architects Office Association (AOA) in Chile.

Fractal Construction LLC

Add: 23 East 7th Street, Ground Floor, New York, USA
Tel: 212 228 5617; Fax: 212 228 5618
Web: www.fractal-construction.com

Fractal Construction LLC is a full-service, multidisciplinary architecture and interior design firm. Their design philosophy focuses on intricate detailing, innovative material selection, and weaving the traditional styles of landmarked buildings all within a contemporary design language. Ulises Liceaga, principal of the firm, believes a designer should also take on the role of a general contractor in order to assert control over every aspect of the design process. This allows the freedom to execute a clear vision.

One of Fractal Construction's unique qualities is in their ability to create a clear dialogue between art and architecture, partnering up with established artists and professionals from various design disciplines outside the practice. With a belief that successful design is one that responds to the needs of modern life and culture, their evolving architectural language bridges the gaps between the past and the present. By incorporating new technology, different art disciplines, and a design-build approach, Fractal Construction creates well-balanced and exciting spatial experiences.

Ibuku

Add: PT BAMBOO PURE, Br. Piakan, Sibang Kaja, Abiansemal Badung Bali 80352 – Indonesia
Tel: +62 361 469 874; Fax: +62 361 469 874
Web: www.ibuku.com

Ibuku is an international design-build team creating a new way of living. They exist to provide spaces in which people can live in an authentic relationship with nature. They do this by designing fully functional homes and furniture that are made of natural substances and built in ways that are in integrity with nature. Best known for creating the architecturally award winning bamboo buildings at Green School, their current project, Green Village, is an innovative residential villa development located within walking distance to the river valley campus. They are a full service design company that creates one kind design for both residential and commercial spaces as well as artisan crafted bamboo furnishings inspired by a timeless Scandinavian design sensibility.

They build lightly on the land, redefining the meaning of luxury with a clear conscience. Bamboo is uniquely strong, beautiful, and flexible, and with its four-year growth cycle and carbon sequestration it is a uniquely efficient resource. Though bamboo has traditionally been used throughout Asia in short-term structures, new treatment methods have given it a capacity for long life. They harvest and treat all of their own bamboo, selecting for density and maturity, then lab test to confirm its integrity. Ibuku is creating spaces where living in nature is living in style.

Jose Carlos Cruz Arquitecto

Add: Rua Fernao Lopes, 157-1DTO B, 4150-318 Porto, Portugal
Tel: 351 226 163 408
Web: www.josecarloscruz.com

José Carlos Marques Cruz was born in Porto in 1957 and graduated in architecture in FAUP, in 1986. He began his work in the same year and continues as a planner till today, sometimes in partnerships with other architects and other times individually. Has already a wide range of completed projects either as architecture or as interior design with the most varied programs - such as single and multifamily housing, shopping and services - around Europe, North America, South America and Asia.

Luca Zanaroli Architect

Add: Via Sebastiano Serlio 18 40128-Bologna, Italy
Tel: +39(0)51 188.999.52
Web: www.lucazanaroli.com

Architecture has not the sole purpose of responding to basic needs of people and to satisfy their biological needs; the designer does not believe that they should only take care about arranging the space and respond in functional terms to the specific and particular human needs.

Architecture has also the task of giving "sense" to space and matter, to reveal its spiritual substance and explain the true essence of things. Whether it deals with a new building or with the renovation of an existing building. In addition, architecture must strive to create a system in equilibrium between artificial environment and natural environment. Through the integration of various elements that make up the two environments, they become part of a single organic architectural space. The "sensuality" of architectural space, as its material and immaterial component, inextricably combines the symbolic references that art is able to generate, pushing man beyond, or better, through sensory perception to spiritual perception, producing physical pleasure and mental well-being. This aesthetic, which is also his personal approach to architecture (even humanistic and scientific), combines art - in all of its expressions - to people's lives and to the environment in which they live. Besides this, the creative process is something that is constantly evolving, an ongoing research that may, indeed must, lead to results and to forms of expression always different and innovative, and above all sustainable.

Mário Martins

Add: Rua Francisco Xavier Ataíde de Oliveira - Lote 31/32 – Lj P 8600-775 Lagos - Portugal
Tel: +351 282 768 095; Fax: +351 282 782 041
Web: www.mariomartins.com

Mário Martins was born in Algarve - Portugal in 1964 and lived always in Lagos municipality until he went to study architecture in Lisbon. In late 1988 he decided to return to Lagos. He founded Oblíqua Arquitectos, Lda. with the architect Vítor Lourenço, with whom he developed many projects before the partnership ended in 2000. Since then, through the company Mário Martins Atelier, Lda. with Maria José Rio (his wife and partner) he continues exclusively dedicated to architecture.

Under a contemporary style dominated by the physical space in which he operates, he has designed public sector buildings, tourist developments and private houses mainly for the south of Portugal. At the same time he has been involved in research, with particular emphasis on "colour in the architecture of Lagos" during the 1990s, rehablitation projects of urban fronts in the historic centre of this city. In 2011 he publish the book Houses Mário Martins.

MCM Designstudio

Add: MCM Designstudio Avenue de la Gare 4, 1003 Lausanne, Switzerland
Tel : +41 21 331 1077
Web : www.mcmdesignstudio.ch

Architect and designer Milena Cvijanovich co-founded MCM Designstudio in 1994 in Lausanne, Switzerland only a few years after moving from the US where she obtained her Masters. Since then, with partner Denis Muller and their team, she offers eco-responsible luxury architecture and design enhanced by her in-house green tech and building materials research staff. Today, MCM Designstudio focuses on high-end residential, hospitality and spa concepts internationally. The team supports the effort of individuals and enterprises to integrate green standards, the preservation of cultural traditions and craftsmanship and social responsibility through lectures, articles and its sustainability and sustainable luxury consultancy.

Panos I. Zouganelis S.A.

Add: 37 Tinou St, 15343 Agia Paraskevi, Athens, Greece
Tel: 30 210 60 00 366
Web: pzouganelis.gr

Panos Zouganelis was born in Athens, Greece in 1960. He received his BSc at civil engineering in 1981 and his MSc in foundation engineering in 1982, both from University of Birmingham. He became a member of the Greek Chamber of Civil Engineers in 1983. He then applied his knowledge to the family constructing business, visualizing his goal to "put on the map" of residential buildings a new way of everyday living, aesthetics and co-habilitation.

In 2000, he founded the construction company "Panos I. Zouganelis S.A.". He has constructed 16 residential buildings on self-owned plots of land. The buildings combine top quality construction with a variety of special amenities (such as gardens, swimming pool, fitness centre, warden, private underground parking spaces, depending on the building) with emphasis on very low maintenance costs. As the key designer of each building, he is always trying to make a unique architectural statement with the contribution of exceptional Greek architects and the collaboration of the well-known Greek interior designer Kirios Criton.

Poteet Architects

Add: 1114 S St Marys StreetSte 100, San Antonio Texas 78210, USA
Tel: (210) 281-9818; Fax: (210) 281-9789
Web: www.poteetarchitects.com

Poteet Architects is a 14-year-old firm based in San Antonio, Texas. Jim Poteet opened the office with the hope that the firm could further the sustainable revitalization of downtown San Antonio. Poteet Architects' success in this endeavor has brought the firm national recognition and acclaim. The firm's portfolio of completed work includes residential, commercial and institutional projects, but is perhaps best known for the sensitive adaptive reuse of existing buildings and a fresh, rigorous approach to modern interior design.

In 2012, Poteet Architects joined Johnson Fain of Los Angeles and the Olin Studio of Philadelphia to create a new master plan for Hemisfair Park in downtown San Antonio. Completed in 2011, the new vision for the area, forged though a highly successful public process, combines public open space with an urban mix of residential, commercial, and institutional uses organized by bringing back the pre-fair street grid, reconnecting this neglected area to the surrounding neighbourhoods.

In 2009, the Pace Foundation Offices was selected as one of twelve CONTRACT Interiors Awards winners nationwide. The project was given a Design Award by the Texas Society of Architects and an Honor Award by the San Antonio Chapter of the American Institute of Architects. The firm's Robison Loft was featured in the November issue of Metropolitan Home and the Pace Loft was prominently included in Michael lassell's book Metropolitan Home Design 100, which selected the 100 best spaces published in the history of the magazine.

Jim Poteet graduated from Yale University and received his Master of Architecture from the University of Texas where the faculty awarded him the Alpha Rho Chi Medal. He interned in Philadelphia with Kieran, Timberlake and Harris, and returned to San Antonio where he joined the Alamo Architects. Jim established Poteet Architects in 1998.

Ryntovt Design

Add: Str. Krasnooktyabrskaya 5h, Kharkiv 61052 Ukraine
Tel: +380675710351
Web: www.ryntovt.com

Ryntovt Design adopts a comprehensive approach to design, including the full cycle of processes, necessary for the creation of modern public and private spaces, and objects.

Architecting interior or subject, Ryntovt Design is trying to create natural, laconic, environmental product with an intellect and feelings.

At the heart of each subject there is the culture of production, nature respect, gratitude to the material which gives the possibility to implement their major projects. The product which is the result of their creativity, first of all is an ecoculture bearer and spirituality.

SAOTA

Add: 109 Hatfield Street, Gardens, Cape Town, South Africa
Tel: +27 21 468 4400; Fax: +27 21 461 5408
Web: www.saota.com

SAOTA - Stefan Antoni Olmesdahl Truen Architects is driven by the dynamic combination of partners Stefan Antoni, Philip Olmesdahl and Greg Truen who share a potent vision easily distinguished in their buildings and an innovative and dedicated approach to the execution of projects internationally, nationally and locally. Projects range from large scale commercial and institutional to individual high-end homes. Inspired by the challenges and the

Sharon Neuman Architects

Add: Rishpon,Israel
Tel: 972 522 433042; Fax: 972 4 6265895
Web: www.sharon-neuman.co.il

Sharon Neuman Architects was established in 1996, dealt in planning and designing residences, public buildings, offices, commercial spaces, exhibitions, event venues and product design. The firm's approach was characterized by planning that prioritized the clients: their needs, dreams and budget. The work was undertaken as a comprehensive perception, starting with architectural planning that addressed the exterior and the interior, via interior design through to the product design level. The entirety of development was undertaken by way of inclusion of the client and using three dimensional simulations, unlimited in number of sketches or meeting sessions.

SHH

Add: 1 Vencourt Place, Ravenscourt Park, Hammersmith, London W6 9NU, UK
Tel: + 44 (0) 20 8600 4171
Web: www.shh.co.uk

SHH is an architects' practice and interiors consultancy, formed in 1992 by its three principals: Chairman David Spence, Managing Director Graham Harris and Creative Director Neil Hogan. With a highly international workforce and portfolio, the company initially made its name in ultra-high-end residential schemes, before extending its expertise to include leisure, workspace and retail. SHH's work has appeared in leading design and lifestyle publications all over the world, including VOGUE and ELLE Decoration in the UK, Artravel and AMC in France, Frame in Holland, Monitor in Russia, DHD in Italy, ELLE Decoration in India, Habitat in South Africa, Contemporary Home Design in Australia, interior design in the USA and Architectural Digest in both France and Russia, with over 110 projects also published in 70 leading book titles worldwide plus more than 75 architectural and design award wins and nominations to its name.